数学和数学家的故事

(第 11 册)

[美] 李学数　编著

上海科学技术出版社

图书在版编目（ＣＩＰ）数据

数学和数学家的故事. 第11册 ／（美）李学数编著
. -- 上海 ：上海科学技术出版社，2022.11
ISBN 978-7-5478-5916-2

Ⅰ．①数… Ⅱ．①李… Ⅲ．①数学－普及读物 Ⅳ.
①01-49

中国版本图书馆CIP数据核字(2022)第186704号

策　　划：包惠芳　田廷彦
责任编辑：田廷彦　高在青
封面设计：陈宇思

数学和数学家的故事(第 11 册)
[美]李学数　编著

上海世纪出版(集团)有限公司
上海 科 学 技 术 出 版 社　出版、发行
(上海市闵行区号景路 159 弄 A 座 9F - 10F)
邮政编码 201101　　www.sstp.cn
江阴金马印刷有限公司印刷
开本 700×1000　1/16　印张 14
字数 160 千字
2022 年 11 月第 1 版　2022 年 11 月第 1 次印刷
ISBN 978 - 7 - 5478 - 5916 - 2/O・105
定价：48.00 元

2000 年,在《数学教育研究》上,有两位数学教育工作者发表了一项调查报告,探讨初中学生对数学家的印象①。参与研究计划的初中学生各自画一张数学家的图像,并且回答两个问题,分别是:(1)你认为哪些工作岗位需要聘用数学家?(2)为什么你认为数学家有如你描绘的样子?共有 476 名初中学生参与研究计划,他们的年龄介乎 12 至 13 岁,来自美国、英国、芬兰、瑞典和罗马尼亚。虽然研究者指出学生作答(1)时并非全部只选中学教师为答案,意指他们并非把数学家的工作范围局限于中学的数学教师,但从大部分图像显示出来,初中学生心目中的数学家形象,其实都是来自他们的数学教师。

正因如此,这项调查结果使数学教育界十分担忧。大部分学生都把数学家描绘成令人生厌的闷蛋,甚至是令人害怕的专制独裁者,脾气暴躁,强迫学生

---

① Picker S H, Berry J S. Investigating pupils' images of mathematicians. *Educational Studies in Mathematics*, 2000,43(1): 65 - 94.

做大量他们不感兴趣的习题，但又少作解释。有些学生把数学家描绘成古怪孤僻的人，没有朋友（除了别的同样古怪的数学家！），不修边幅，衣衫褴褛，面容憔悴，愁眉深锁（因为经常思考难题！）。似乎多数人对数学家得来的印象，是他们与别人格格不入，有如生活在另一个世界的怪物。如果学生从小便认为数学家是怪物，他们自然对数学这行业亦畏而远之，不想因为从事这行业而被人视为怪物。于是，不单从事数学工作的生力军数目减少，数学教师的数目也减少，数学教师的素质也因此降低，导致的恶性循环就是学生的数学素质受影响，更少有志者继续进修数学，以致数学这行业将会日渐凋零。证诸数学在现代社会各领域发挥的作用，这绝不是大家愿意见到的现象。

其实，数学家也是凡人一名，与其他人没有分别。很多数学家的行为举止和品格性情与常人无异，既有好人也有不那么好的人，既有正常人也有不那么正常的人；总而言之，数学家并不算是一群特别与其他人非常不同的"怪蛋"，与其他人一样，他们也有喜怒哀乐。但话得说回来，好些数学家由于所受的数学教养熏陶，在工作环境当中培养出来某些习性，又的确与一般人有点分别。20 世纪 60 年代在纽约库朗数学科学研究所任职的数学家卡佩尔（Sylvain Edward Cappell）曾经作了这样的中肯解释：

> 所有数学家都生活在两个不同的世界里。一个是由完美的理想形式构成的晶莹剔透的世界，一座冰宫。但他们还生活在普通世界里，事物因其发展或转瞬即逝，或朦胧不清。数学家们穿梭于这两个世界，在透明世界里，他们是成人，在现实世界里，他们成了婴儿。

同时，由于数学感觉较敏锐，好些数学家比别人拥有一种"行内幽默感"，却不一定受到其他人即时认同。让我说一则个人的小故事以说明这一点。在 2004 年除夕，有一位好友寄来贺岁电邮，是一页印得密密麻麻的"福"字,填满了一个矩形框,下面有句祝福语,内容是说送上2 004个"福"以祝安康愉快!我马上回复好友,向他道谢并送上同样的祝福,但不忘加上一句:"非常感谢你的一番心意,不过那儿绝对不会有2 004个'福'字,不用数也知道!"

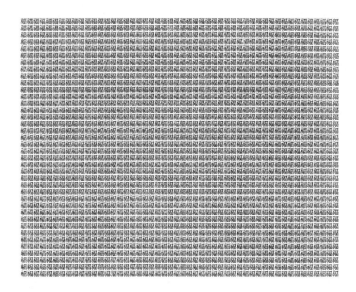

我没有仔细数,不知道那矩形框内有多少个"福"字,但我知道2 004＝2×2×3×167是2 004的质因数分解。要把2 004个"福"字恰好放在一个矩形框内,那个矩形框的长和宽必定相差很多(例如12×167,4×501,6×334,等等),矩形必定非常狭长,绝不能有如那种接近方形的样子。

数学家的传记并不缺乏,其中最广为人知的一本是贝尔(Eric Temple Bell)在1932年出版的《大数学家》(*Men of Mathematics*)。不过这本书得到的评价却是褒贬参半,有不少评论者认为书的内容与史实不符,渲染之余以讹传讹。不过,我们对作者应该持较公平的态度,因为在序言中他已作声明:"本书绝无任何意思作为一本数学史著述,甚至不是数学史的任何片断叙述。"书内讲述多位古往今来的数学大师的生平故事,弥漫着一种浪漫情怀,虽然与史实不一定完全相符,但对读者而言,倒是非常吸引及鼓舞人的。书的数学内容不要求读者懂得很多,几乎不涉及任何技术细节,但又带出数学家学术生涯引人入胜之处,令读者深深感受到数学家驰骋于智性世界的乐趣和激情。当年我在大学一年级暑假借了此书阅读,深受数学学术生涯吸引,日后从事数学工作,此书对我的影响是明显的。

另外一套《数学和数学家的故事》丛书,从20世纪的1978年至1999年陆续出版第一集至第八集,就更为海峡两岸、港澳地区的中学师生熟悉,是不少人从中获益匪浅的数学普及读物。这套丛书影响了一代又一代的师生,丛书的作者用的笔名是"李学数",真名是李信明。我与信明兄相识于20世纪70年代后期,也算是一段缘分。1975年我回到母校香港大学数学系任教,当时有意多做一些普及数学工作。早在回港任教之前几年,我在美国一所大学任职,课余与在香港的朋友合作为一本中学生杂志的专栏撰稿,写一些介绍数学知识的趣味小品,用的笔名是"萧学算"。回到香港后,在1977年秋季到一所中学以"从圆周率的计算看数学的发展和应用"为题,作了一次讲座。过了不久,在一本香港杂志《广角镜》读到一篇文章,题为"科学上常用的常数——圆周率"[①],感到很亲切,自然萌生与作者取得联络的念头,好向他请教写作普及数学文章之道。尤其见到作者的名字"李学数",想起自己用过的笔名,就更有那股意欲了! 于是,我写信给《广角镜》,请编辑向作者转交我写给他的信。过了一些时候,我收到信明兄的热情回函,接着大家信来信往,成了好友,过了两年后大家还有机会见面呢。

信明兄的数学普及作品,除了数学内容新颖吸引,使读者在数学方面大有得益以外,他笔下那种感时忧国的人文情怀,更为难得,往往感染了读者,使读者更好明白作为知识分子的责任和说真话的精神。就像在这本书里叙述的数学家的故事,其实每一章都

---

① 广角镜.1978,68(5):53-59.

刻画出这些数学家和他们的同伴身处大时代的精神面貌，读者仔细玩味的话，当有所得。

这一点令我想起利伯（Lillian Rosanoff Lieber）在 1942 年出版的一本很特别的数学读物 *The Education of T. C. Mits: What Modern Mathematics Means to You*，书中主角 T. C. Mits 其实意指 The Celebrated Man In The Street，即是一般的公民。在第十四章作者写下了这样的一段话[①]：

> 所以，你看到了，
> 数学可以启发各色各样的主题，
> 其中许多人在讨论这些问题时，
> 都显得油腔滑调、漫不经心，
> 这是因为他们不曾受过训练，
> 学习用数学家做研究般的严谨细心
> 来检视一个想法。
> 我们必须试着模仿
> 直线式思维的模型。
> 不是像假思想家那样
> 喋喋不休地论辩，
> 而是
> 安静的、
> 诚实的、
> 谨慎的、
> 有力量的。

萧文强

2014 年 1 月 15 日，香港大学

---

① 莉莉安·利伯. 启发每个人的小书. 洪万生，英家铭　译. 台北：究竟出版社，2012.

前言

　　不向人间怨不平，相期浴火凤凰生。柔蚕老去应无憾，要见天孙织锦成！

　　　　　　　　　——叶嘉莹《迦陵诗词稿》

　　守榕姐在 2015 年 8 月 15 日电传她的好友陈文茜《今天的你比昨日的你慈悲、感恩》给我。

　　看到陈文茜说："自小我们学习许多课程，学数学'1＋1＝2''9－5＝4'，但我们没有学过人生何时该加、何时该减才会快乐；我们学英文、学历史、学地理、学化学、甚至学天文学……宇宙大爆炸，在某个点上创造了生命，偶然创造了我们。但人如何才能快乐？所有我们学习的'课本'，都少了这门课。"心里有同感。

　　现在的教育实际走偏了，缺少兴趣培养是中国基础数学教育中的失误。中国的教育只重视传授知识给学生，传授学生会做题、会猜题的能力，侧重在技术性训练，培养的是应试能力，鼓励的是拿了奖就是好学生。为在高考时得到高分，很多重点学校往往采取题海战术，训练学生的应试能力。孩子放学回家后，除了完成教师留的功课，还要在家长强逼下，做完规定数量的教辅书上的题。让学生感到读书是一件不快乐的事情，不少原本对数学很有兴趣的学生，变成了做题机器，在机械性的劳动中逐渐失去了对数学的兴趣，学生的创新能力被打压了，埋没了天赋很高的人才。

丁肇中在 2014 年 10 月上海中欧国际工商学院大师课堂上谈从物理实验中获得的体会："许多人认为，如果一个国家想要在技术和经济方面有竞争力，它必须集中于能有实际市场效益的实用性技术的发展，并使经济持续发展。从历史的观点来看，这观点是错误的。如果一个社会将自己局限于技术转化，显然，经过一段时间，基础研究不能发现新的知识和新的现象后，也就没有什么可以转化的。所以，技术的发展是生根于基础研究之中。"

李克强总理在一次座谈会上讲道："我们要搞原始创新，就必须更加重视基础研究，没有扎实的基础研究，就不可能有原始创新。国际数学界的最高奖项菲尔兹奖，中国至今没有一人获得。现在 IT 业发展迅猛，源代码靠什么？靠数学！我们造大飞机，但发动机还要买国外的，为什么？数学基础不行……所以，大学要从百年大计着眼，确实要有一批坐得住冷板凳的人。"

2016 年 2 月 11 日，麻省理工学院、加州理工学院以及美国国家科学基金在华盛顿进行物理学界的一次历史性发布：人类首次直接探测到引力波，爱因斯坦百年前预见的一种时空干扰波。麻省理工学院校长赖夫（L. Rafael Reif）就人类首次探测到引力波于 12 日致信全校，信中明确地指出："我们今天庆祝的发现体现了基础科学的悖论：它是辛苦的、严谨的和缓慢的，又是震撼性的、革命性的和催化性的。没有基础科学，最好的设想就无法得到改进，'创新'只能是小打小闹。只有随着基础科学的进步，社会才能进步。"

在圣何塞州立大学举办感谢教授服务餐会，轮到教书 30 年的我演讲，我让负责人念我提供的德隆古尔（Will Allen Dromgoole）写的诗歌《造桥者》：

在一个寒冷阴沉的夜晚，
一个老人走在孤独的路上，
不久来到一个巨大、深厚的裂口，
裂口下流着迟缓的水流。
他在微暗中走过去，
但是，当他安全到达彼岸时，
他回头在那里造了一座桥梁。
旁边一个旅人说："老人家，
你是在浪费你的力气和精神，
因为这天结束时，你的旅程亦将结束，
你绝不会再经过这里，
而你已渡过这个巨大、深厚的裂口，
你却还要造一座桥，这是为了什么？"
造桥的老人抬起他那灰白的头，
说："这位朋友，在我来的这条路上，
有个少年跟在我后面，
他必定也会来到这裂口旁。
这个地方对我是没构成烦恼，
但对那位少年却可能是个圈套。
因为他也必须在微暗中渡过这裂口，
我这座桥是为他而造的，这位朋友！"

我只简单地说："感谢圣何塞州立大学提供我机会从事教学和研究，我是为年轻一代造桥的人，如果有来生，我仍愿意从事教育

3

的工作。"

在我的散文集《梦里寻她千百度》中有一篇短文《我们都是造桥的人》，我写道："有河，于是就应该有桥，于是就有造桥的人。我们现在所取得的一些成绩和成果，都是因为有许多人在我们的前面铺路造桥。当我们要走完人生道路时，不应该忘记还有后来人，我们应该给他们造路建桥。"

俄罗斯和苏联有很好的科普传统，许多著名科学家十分重视科普工作。我小时候患有数学恐惧症，在初一时看到从苏联翻译的带有故事性的趣味数学书才对数学有兴趣，以后还成为数学工作者。让数学家把他们掌握的那些抽象生僻的词汇带进一般人的经验范围却是一件非常困难的事。我为了写高度通俗化的类似法国数学家庞加莱（H. Poincaré）能够使工人、家庭妇女及教育水平不高的人看得懂的书，所费的时间比我写数学论文还要多十倍以上。

这本书的对象是一般的读者——没有经过专业训练的人、一些害怕数学或者对数学误解的孩子。希望这套书能揭开数学神秘的面纱，让更多人能欣赏它的美貌。希望一些对数学鄙视、认为数学无用的人，能知道自己是多么无知和幼稚。因此我不要求读者是个有高深数学知识、了解各种数学符号和公式的人，只要读者能耐心看完，这套书能让读者了解科学工作者的想象力和人文情怀。对于有强烈求知欲的孩子，以及想在数学领域有创新工作的年轻人，我在这里介绍一些有深度的难题以及还未解决的问题，他们可以通过对这些问题的解决与探索提高自己的能力。我期盼着所有数学教师都能成为研究者，期盼着数学教学研究能真正在学校生根、开花、结果，这样才能提高学生研究性学习能力和素养。贫瘠深山里的老师们，不像在城市的数学老师容易取得参考资料和信息资讯，想到他们匮乏的情况，因此在写书过程中尽量搜罗一些资料和题目，让他们容易利用，让这套书成为一个小型图书馆。对于学数学专业的朋友们、数学爱好者阅读这套书也不会是浪费时间，你们会看到许多和你们专业不相关的数学家的故事，知道他们的研究方法，"他山之石可以攻玉"，或许得到启示另辟新天地。

我想衷心感谢下面的朋友：吴沛林、邵慰慈、高振滨、梁崇惠、梁培基、张福基、刘宜春、郑振勇、陈锦福、林节玄、林开亮、萧文强、钱永红、唐小明，李小露帮我把一些文稿打成文档校对，提供意见和资料，感谢上海科学技术出版社编辑包惠芳、田廷彦为这套书的出版而奔忙。

2014年10月、11月、12月及2015年1月3日我进入急诊室9次，真是"大难不死"。觉得"时不我待啊！要赶快工作"。本来我计划在2015年10月时寄第6、7集的书稿给出版社，不幸在9月我的电脑坏了，我前几年写的书稿和研究论文及资料都没有了。我找朋友及大学电脑技工都没法使我的硬盘资料恢复。四个月只好恢复数学研究，用研究忘却失去文稿的悲伤。"屋漏偏逢连夜雨"，健康又出状况。13个月前我动了"食道裂孔疝"手术，把上升到横膈膜上的胃拉下去，把食道孔与胃连接的贲门缝小，结果不能吃东西，食欲下降，体重迅速下降38磅，几次因食物而呕吐。2016年1月14日又发生呕吐不止的情况，要进入急诊室。

在病房，我试写了几十年不写的旧体诗：

病房抒怀一首

风烛残年病魔摧，

形容枯槁似犯囚。

好事多磨折腾频，

电脑机毁文稿丢，

多年辛劳尽湮灭，

人无远虑近忧多。

枕戈达旦忍孤寂，

踟蹰蜗行从头越。

千难万苦何所惧，

欲将心血洒寰宇。

我祈天公悯愚志，

不惜怜爱降霖雨。

苍茫天地呈碧翠，

枯木逢春复苏生。

荣誉财富身外物，

生命终结万事空。

　　年轻时写完第八集《数学和数学家的故事》时，我曾说："希望我有时间和余力能完成第九集到第四十集的计划。"属于自己的日子已经不多，不愿让脑海中孕育出的众多新思想和自己一同离去，生命是经不起等待的，人生短暂，须只争朝夕。身体亏损不易恢复，终日无食欲。只要有力气，精神好，我就尽力把这套书写完，没有忘记华罗庚教授的心愿："寸知片识献人民。"

　　为促进中国科技和文化事业的发展起到积极作用，我希望读者如有兴趣可以发送电子邮件至：lixueshu2014@gmail. com，以便和我交流。

2016.2.14 于美国联合市

目录

序

、前言

1. 有趣的数学漫画   / 1

2. 第一位在欧洲大学获得博士学位的女性
　——柯瓦列夫斯卡娅   / 8
　　印象深刻的墙纸   / 9
　　借假结婚出国求学   / 11
　　向大师学习终有所成   / 13
　　回俄国被闲置   / 17
　　也是文学家   / 21
　　对索菲娅的纪念   / 23

3. 犹如李白的波斯数学家和诗人
　——奥马尔·海亚姆   / 26
　　高次方根   / 28
　　解三次方程   / 29
　　奥马尔·海亚姆的几何代数学   / 32

30 岁开始诗歌创作 / 33

4. 使巴西人爱数学如足球的数学家
——马尔巴·塔罕 / 37
国家以他的生日定为"数学日" / 38
出身于老师家庭 / 40
小时数学并不好 / 41
永远不会给学生零分的老师 / 41
他的想法相当先进 / 43
为麻风病人争取权益 / 44
朱利奥的书 / 45
编撰马尔巴·塔罕的历史 / 47
《数学天方夜谭——撒米尔的奇幻之旅》 / 48
去世前希望葬礼能从简 / 56

5. 饿死自己的天才数理逻辑学家
——哥德尔 / 58
哥德尔的童年 / 58
进入维也纳大学 / 60
打破希尔伯特的梦想 / 62
与夜总会舞女结婚 / 64
爱因斯坦的好朋友 / 65
晚年知己王浩 / 68

6. 寻找水仙花数 / 71

7. 超过三分之二的人生都在和疾病奋战中
度过的李天岩 / 79
四个重要成就 / 80

与病痛作顽强搏斗　　　　　　　/ 84

回首来时路——李天岩自述　　　/ 87

附：李天岩教育背景与工作经历　/ 93

8. 提出"人是一根能思想的芦苇"的数学家、
物理学家和哲学家
——帕斯卡　　　　　　　　　**/ 95**

短暂非凡的一生　　　　　　　　/ 96

发明和发现　　　　　　　　　　/ 98

几个著名的流体压强实验　　　　/ 100

数学上的贡献　　　　　　　　　/ 103

哲学和宗教研究　　　　　　　　/ 104

最后一项数学工作是摆线　　　　/ 105

帕斯卡的主要作品　　　　　　　/ 106

逝世　　　　　　　　　　　　　/ 107

9. 与小王子遨游不同的数学世界
——边优美树猜想Ⅰ　　　　**/ 109**

10. 与小王子遨游不同的数学世界
——边优美树猜想Ⅱ　　　　**/ 122**

11. 我的 4 个优美图猜想　　　　　**/ 131**

12. 计算机科学理论的创始人
——乔治·布尔　　　　　　　**/ 138**

来自贫穷工人阶级家庭的神童　　/ 140

幸有贵人相助　　　　　　　　　/ 142

没有中学学位的数学教授　　　　/ 144

为什么布尔代数对计算机科学和数字
　　电路如此重要？　　　　　　　　／ 146
布尔和他的夫人　　　　　　　　　／ 147
布尔的后代　　　　　　　　　　　／ 151

13. 与小王子遨游不同的数学世界
　　——边优美树猜想Ⅱ之中国阶层树　　／ **157**

14. 与小王子遨游不同的数学世界
　　——超边优美图Ⅰ　　　　　　　／ **164**

15. 与小王子遨游不同的数学世界
　　——超边优美图Ⅱ　　　　　　　／ **169**

16. 从数学家到亿万富翁
　　——詹姆斯·西蒙斯　　　　　　／ **179**
麻省理工学院和哈佛大学的数学系教授　／ 182
加入美国国防部分析军事情报　　　　／ 184
纽约州立大学石溪分校的数学系主任　／ 187
投身商业　　　　　　　　　　　　／ 188
热心回馈社会　　　　　　　　　　／ 192
花甲之年经历两次丧子之痛　　　　／ 195
西蒙斯的著名投资理论　　　　　　／ 197

参考文献　　　　　　　　　　　　／ **200**

1 有趣的数学漫画

我喜欢看漫画。在加拿大读研究生时,我看英文报纸总是先翻看后页的漫画,然后才看国际大事的新闻。

有时还剪下或影印一些我喜欢的有趣图片,最近整理车库发现一纸袋藏有多年收集的图片。以下与大家分享的几张跟数学有关的漫画就有从中选出的。

讽刺美国售货员不会乘法,售货员对结账的顾客说:"一本《给笨蛋的数学》价值16.99美元,你要2本,总共是50美元。"

在雅典广场上，一个路人对旁边的女士说："我想欧几里得又被他的工作搞迷糊了。"

老师让学生计算一道简单的加法题，学生却得到一串极其复杂的数字，学生说："在日益复杂的世界中，有时旧问题需要新答案。"

"Just a darn minute! — Yesterday
you said that X equals **two**!"

老师教学生计算黑板上这道题,学生问老师:"稍等一下,昨天您说 x 等于 2!"

"I know it's wrong, I'm just waiting for the autocorrect."

学生算 17—9,写上答案 12,然后转头对老师说:"我知道它是错的,但是我在等待自动修正。"

摧毁数学认识的武器。以前的数学哲学：凶巴巴的老师吼学生"用之或弃之！"现在的数学哲学：笑容满面的老师拿着糖果对学生说："你没有学过的东西，你就不会忘记。"

"Hold on. When we learned Roman numerals, X was 10. Now it's 6. What's going on around here?!"

学生问数学老师："等一下，当我们学习罗马数字时 X 是 10。现在是 6。这是怎么回事？"

"If two negatives make a positive how come
two wrongs don't make a right?"

儿子对母亲投诉:"如果'负负得正',为什么
两个错误不会得一个正确?"

讽刺美国的新数学教学法——所谓讲述
故事教学法。老师在黑板上写了冗长的
问题:"如果有 18 个学生在教室里,我要
把凯文和杰森送到校长办公室去,因为他
们调皮捣蛋。请问教室里还有多少学
生?"这真是"小题大作"。

牛顿坐在苹果树下，思考万有引力定律，苹果砸到了他头上："啊哈！物质的每个粒子都以与质量的乘积成正比、与距离的平方成反比的力吸引其他粒子……哎呀！"

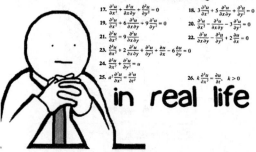

一个人正在沉思，他的背后有 10 道偏微分方程，他想的是："我正在等待有一天我会在日常生活中用到它们。"

The Birth of a Right Triangle

直角三角形的诞生。医生对一个在产床上待产的直角三角形妈妈说:"这婴儿太大了,我们必须进行 $\sqrt{a^2+b^2}$ 的剖腹手术。"

2 第一位在欧洲大学获得博士学位的女性

——柯瓦列夫斯卡娅

在我看来，诗人需要感知别人看不到的东西，要比别人看得更深入。其实数学家也必须做同样的事情。

——柯瓦列夫斯卡娅

（索菲娅）作为一名教师，她诚心诚意地献出了自己丰富的知识。

——米塔–列夫勒

自从人类社会由母系氏族社会转变到父系氏族社会以后，男尊女卑的思想就产生了：在旧中国有所谓的"女子无才便是德"；而在中世纪的德意志，日耳曼人也认为："女人所需要的只不过是《圣经》和衣橱。"妇女在旧时代不能受教育，不能发挥她们的才能，闭目塞耳的结果使她们的才华长期受束缚，而且处于被奴役和被压迫的悲惨地位。

那位被称为"科学幻想小说之父"的著名法国小

说家凡尔纳(J. Verne)曾经讲过这样的话取笑妇女："一个女人走过苹果树下，看到一个苹果掉下来。她最先想到的是，这是一个可以吃的东西。"在他看来女人不会像牛顿那样能有伟大的发现、发明和创造。

柯瓦列夫斯卡娅纪念邮票

妇女是否无能和无所作为呢？让我们看看一位 19 世纪的女性索菲娅·瓦西里耶夫娜·柯瓦列夫斯卡娅(Sofiya Vasilievna Kovalevskaya，1850—1891)，在她短暂的一生中，是怎样争取高等教育，怎样在数学上研究，而成为那个时代最卓越的数学家之一的。

印象深刻的墙纸

1856 年的俄国，严峻的冬天刚过，空气中弥漫着一种特有的清新气味。小索菲娅在花园里和姐姐安娜·扎克拉尔(Anna Zhaklar)一起玩，突然看见坐在和煦阳光底下看书的舅舅，于是就跑了过去。

"舅舅，你读什么书呢？"索菲娅仰起红红的脸蛋，眨巴着好奇的眼睛看着舅舅。

"哦！我正在看数学书。"舅舅抱她坐在膝上，并亲热地吻她一下。

"数学是什么东西呢？"

"这是一门很有趣味的学问。研究像诗歌那么美丽、像谜那么有趣的问题。比方说：在很久以前，希腊人想要知道是否可以用直尺和圆规作出一个正方形，它的面积等于预先给定的圆的面积。上千年过去了，到现在这还是一个没有解决的问题呢。"

小索菲娅的舅舅是一个数学爱好者，他一有机会就喜欢和这个小姑娘聊有趣味的数学，姐姐安娜却更喜欢听舅舅讲"小红鞋""铜山姑娘"或"吹牛大王"的故事。

索菲娅的父亲克鲁科夫斯基（Krukovsky）是位俄国将军，祖父是匈牙利王室后裔——一个天文学家和数学家，为了娶一个到处漂泊的漂亮波希米亚女人而失掉了王子的地位。索菲娅可能遗传了祖母的那种"野性"，小时总幻想有一天能骑着一匹骏马呼啸地跑过俄国的所有土地。

索菲娅1850年出生于莫斯科。不久，她的父亲退职，全家就搬到靠近立陶宛边境的巴里宝诺的庄园去。她和姐姐从小就在贵族家庭女教师监护下长大，学习外国语言和音乐。孩子们住的房间因从圣彼得堡运来的糊壁纸不够用，所以用她父亲青年时代读过的高级数学石印讲义裱糊。

伊万诺娃（М. Ивановой）描绘的《柯瓦列夫斯卡娅离开家》

索菲娅小时候常常站在房间墙壁前几小时，研究这奇怪的墙纸，里面有一些奥妙的词句，一些数学公式的符号，她尝试弄懂一些段落的意义，以及分辨这些纸页原先的顺序。这墙纸在她记忆里留下了深刻的印象。

年轻时的索菲娅

差不多14岁时，她未经过别人帮助，就看懂了父亲的一位物理学教授朋友带给她的物理书中使用的三角公式的意义。父母因为女儿的成就而感到骄傲。在她15岁的时候，同意她利用冬季居住在圣彼得堡的时间去学习高级数学。

索菲娅在她的《童年的回忆》(1890)一书中写道："当我15岁时，到圣彼得堡的著名数学教师斯特兰诺留勃斯基（A. N. Strannoliubsky）那儿学习微积分，他对于我能够迅速明白和消化一些数学名词和导数等概念大为惊奇，好像我以前早就知道它们了。我还记得这是当时他的看法。事实上是当他解释那些概念时，我马上很鲜明地记起了那些正是我以前在'糊墙纸'上所见过的但当时还不了解的问题，而这些东西我早就熟悉了。"

借假结婚出国求学

在19世纪初，俄国在政治、经济上都比西欧国家落后，英、法、德早因工业革命生产技术改进，生产力提高，科学也因生产实践的需要而蓬勃发展。反观俄国还是一个"由地主和农民组成的国家"，政治上非常保守和反动。国外的新思想对那些受教育的青年产生了影响，贵族家庭产生很严重的"代沟"现象，这些情形就像屠格涅夫的小说《父与子》（*Fathers and Sons*）所反映的那样。

索菲娅长大以后很想接受完完全全的高等教育。可是当时俄国高等学校的大门对女子是紧闭着的，只有西欧还有一些大学的大门肯为女子而开放。"到国外去！"这就是索菲娅的想法。可是专横的父亲却不愿意女儿从他身边飞走，对于她的请求听也不愿意听。

索菲娅和姐姐安娜想到了一个方法：从朋友中选一个同样想去国外的，搞一个"假结婚"，"妻子"就能离开家庭到国外，而她的姐妹和女性朋友也可以陪同她一起离开。这也是当时俄国一些女孩子离开专制家庭的唯一方法。

索菲娅的姐姐安娜

柯瓦列夫斯基纪念邮票(1952)

1868年，索菲娅与思想比较激进的年轻出版商弗拉基米尔·柯瓦列夫斯基（Vladimir Kovalevsky）缔结了"虚拟婚姻"。柯瓦列夫斯基在莫斯科大学学古生物学，是第一位在俄国翻译和出版达尔文作品的人。他们于1869年从俄国移居德国，在维也纳短暂停留之后,第二年春天安娜和他们一起到德国海德堡。之后安娜辗转到巴黎,后来和法国革命家维克多·扎克良结婚。

索菲娅经过了一些周折,进入了德国最古老的和受尊敬的大学之一——海德堡大学。她在3年期间修完了数学、物理、化学和生理学等大学教程。她听了一些著名学者的课,如在电磁学上很有贡献的物理学家基尔霍夫(G. R. Kirchhoff)和亥姆霍兹(H. Von Helmholtz)的课。

海德堡大学有一个很出名的化学家叫本生(R. Bunsen),我们现在在化学实验室用的煤气灯就是以他的名字命名。本生教授是一个"怪人",非常厌恶女性。家里的佣人全部是男性。他看到一些教授把门打开让女学生进来非常不满,他曾大言不惭地说:"我的实验室永远不让女人踏进来。"

基尔霍夫和本生(右)

索菲娅有一个俄国女性朋友,千里迢迢来到海德堡想向本生教授学习化学。可是这"老怪物"听到她的要求却嗤之以鼻,马上拒绝,并且把她赶出去。这个朋友含着泪找索菲娅帮忙。索菲娅听了很气愤,于是就去找这个"老怪物"交涉。结果索菲娅以她的才智,义正词严地说服了本生教授收下她的朋友为学生。

向大师学习终有所成

在大学里,索菲娅最喜欢听柯尼斯伯格(L. Konigsberger)教授讲的椭圆积分论。柯尼斯伯格说该理论基本上是由他的老师魏尔斯特拉斯(K. T. W. Weierstrass)所建立，这老师是当时世上最有名的数学家之一。因此索菲娅就想到柏林向魏尔斯特拉斯教授再学一些数学。

她的选择是对的，因为魏尔斯特拉斯在数学分析上贡献很大，后人称他为"数学分析之父"。1870年索菲娅来到柏林，可是柏林大学不收女学生，尽管她带来了海德堡大学教授的几封推荐信，仍旧不能进入。于是，她只好直接找魏尔斯特拉斯教授了。

魏尔斯特拉斯教授这时已是55岁了，声名显著的他无疑有许多慕名来学习的学生。魏尔斯特拉斯对人和蔼可亲，不摆教授的架子，而且乐意帮助年轻一辈。当他听到索菲娅反映她要求进入柏林大学来听他的课而遭到拒绝时，他深表同情，而且被她的真挚和好学的精神所感动，他决定亲自去向大学当局及数学系疏通一下。

魏尔斯特拉斯

可是教授要先看看索菲娅的数学程度怎么样。刚好他手头上有一些数学问题是他准备给高年级学生演算的，于是他叫她试试做一下。令他惊异的是她不但解决得快、答案清晰，而且有独创性，这使他对她有一个较好的认识，认为她是可以从事数学研究的。然而柏林大学当局以及他的一些同事都很保守，认为数学不是女人可以从事研究的工作，虽然他极力推荐，大学当局还是不答应接收索菲娅。

为了不让索菲娅失望，善良的魏尔斯特拉斯教授决定从自己的宝贵时间里抽出一些来教索菲娅学习数学，他的办法是这样的：

这个星期日下午的一段时间索菲娅去他家里,他把这星期内他在大学教的东西对索菲娅讲述一遍,并给她提供一些课堂上的讲义;而在下一个星期日他就去她家里,看看她有什么问题,并且继续讲他的研究工作,以及最新的几何理论和最近科学的发展。

索菲娅很努力地学习,而且不像童年和少女时代那样能过着丰裕的贵族生活,她吃得很简单:茶、面包以及用酒精灯烧烤的一点肉。这种生活和以后发现镭的居里夫人少女时期在巴黎求学过的清苦日子是一样的——她们为了探索真理,对于物质生活就不太重视了。

从1870年起4年里,索菲娅差不多不间断地向魏尔斯特拉斯教授学数学。引用她的话说:"这些研究对我的整个数学职业产生了最深远的影响。这些研究最终确定了我在后来的科学工作中应遵循着魏尔斯特拉斯的方向。"但在1871年4月时,她和丈夫一起潜入受包围的巴黎探望她的姐姐和姐夫。原来在这年的3月28日,巴黎的起义工人们组织了巴黎公社,庆祝当天举行的公社选举。索菲娅的姐姐和姐夫都积极参加巴黎公社活动。索菲娅和丈夫到巴黎后就在公社社员医院帮助照顾负伤的社员。到了5月28日,由于贵族和资产阶级军队全面占领了巴黎,市民遭到血腥屠杀,有5万多名民众被捕,索菲娅的姐夫也在其中,并面临被枪杀的危险。为了营救姐夫,索菲娅写信给父亲,要他赶来巴黎,由于他和新建立的政府中的一些要人认识,因此得以安排女婿"逃脱死亡的命运"。

索菲娅的一张常见照片

不久索菲娅回到了柏林。4年学习结束时,她发表了3篇论文,希望获得学位。其中第一篇是《关于偏微分方程的理论》，甚至在《克雷尔杂志》上发表，这对一位不知名的数学家来说是个巨大荣誉。在 1874 年，德国数学中心格丁根大学根据魏尔斯特拉斯的推荐和索菲娅的 3 篇学位论文，未经口试就授以索菲娅卓越的哲学博士学位。当时索菲娅才 24 岁，她是格丁根大学第一个女性博士。魏尔斯特拉斯教授在推荐信中说，在来自全世界各国的学生中，他认为没有一个人"可以胜过柯瓦列夫斯卡娅女士"。

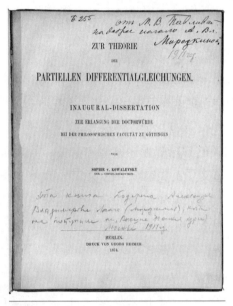

索菲娅的哲学博士论文《关于偏微分方程的理论》

魏尔斯特拉斯非常赏识索菲娅关于偏微分方程理论的工作，很想介绍她教书。可是各处的大学都认为让女人走上讲堂讲课有渎神圣的学府。一些顽固分子还认为女人授课、男人听讲，这对男人的自尊心有很大损害，因此极力反对。魏尔斯特拉斯教授在这样强大的反对力量下也是爱莫能助，索菲娅只好回到俄国去了。

回俄国被闲置

返回俄国后，索菲娅的"丈夫"被聘为莫斯科大学的古生物学教授，可是索菲娅却找不到任何可以运用自己学识的地方。她好多年不接触数学，生活在贵族知识分子的圈子里，她花时间为报纸写文章、诗歌、戏剧批评以及一部小说。她通过写作鼓吹男女应该平等的思想，呼吁妇女自身应该努力争取接受高等教育。

有 3 年索菲娅没有给魏尔斯特拉斯教授写过一封信，而她的老师还是对她很关心，希望她能继续从事数学研究。他写了几封信给她，其中一封这样写道："……切比雪夫（P. L. Chebyshev）刚来拜访我，他说你已经放弃数学了，我希望这是谣言……我很久以前写了几封长信给你，不知你收到了吗？我的地址照旧，他们可以转给我。"

切比雪夫是 19 世纪俄国的大数学家，在素数分布的问题上

在圣彼得堡的索菲娅

有很大贡献。他是俄国科学院院士，想安排索菲娅在俄国大学教书，可是不成功。索菲娅因为切比雪夫再三恳求不要放弃数学，才重新拾起了数学。1880 年她曾向俄国教育部请求应考学位，可是没被批准。

1874 年，柯瓦列夫斯基由于信念激进，未能获得教授职位。在这段时间里，他们尝试了各种计划，包括房地产开发和与石油公

司合作。1875 年,由于某种未知的原因,也许是她父亲的去世,索菲娅决定和"丈夫"作为一对真正的夫妻。3 年后,他们的女儿"Fufa"出生。由于丈夫牵涉的几宗生意都失败了,经济状况开始困难。从父亲庄园得来的微薄收入不够抚养她们母女。柯瓦列夫斯基一向情绪波动不稳定,1883 年,经受着日益严重的情绪波动以及面对因其参与股票欺诈可能受到起诉的可能性,柯瓦列夫斯基自杀身亡。该年春天索菲娅在巴黎听到这一噩耗,非常悲恸,把自己关起来不吃不喝过了 4 天,第 5 天失去知觉,第 6 天她苏醒后要了纸笔,然后写些数学公式,做点计算,她要用研究来摆脱痛苦。

索菲娅和女儿

　　1880 年,索菲娅以一种新的热情回到数学领域。她在一次科学会议上发表了有关阿贝尔积分的论文,并获得了广泛好评。于是她提笔给魏尔斯特拉斯教授写信,希望能帮她获得一个职业。她决定返回柏林,那里也是魏尔斯特拉斯的故乡。

　　索菲娅急着想知道老师的意见,等不及他回信,就动身去柏林。魏尔斯特拉斯指导她研究光在液晶中的折射,就这样,索菲娅重新从事科学和数学上的研究工作了。1883 年,她在一次科学大会上作为唯一的女科学家报告她的研究成果。

魏尔斯特拉斯有一个学生叫米塔-列夫勒（G. Mitag-Leffler），瑞典人，他对索菲娅的才能很赏识。在 1881 年，瑞典首都斯德哥尔摩开办了一所新大学，由米塔-列夫勒领导数学系。他费了很大周折才使斯德哥尔摩当局决定聘请索菲娅担任这所新大学的讲师。1883 年 11 月，索菲娅迁居至斯德哥尔摩。当地的《民主报》用下面几句话报道她的来临：

"今天我们不是报道某一个庸俗王子的抵达……'科学公主'柯瓦列夫斯卡娅夫人光临我们的城市，她将是全瑞典第一位女讲师。"

可是还有一些保守的人以敌视态度对待她。如瑞典作家特林贝格写文章说女人担任数学教授是奇怪的、有害的、难堪的现象。索菲娅以大无畏的精神，对这些批评置之度外，第一年她用德语教授偏微分方程理论，学期结束后学生为她教学的成功而向她祝贺，并和她拍集体照留作纪念。第二年以后她就能用瑞典语开讲了。

米塔-列夫勒想让大学给她以正式教授的地位，可仍受到阻挠。索菲娅被任命为 5 年教授，担任非常规教授（现代所谓的助理教授），并成为《数学学报》（*Acta Mathematica*）的编辑。1888 年，米塔-列夫勒为这事争取了 5 年，直到下面的事发生后才成功：在 1888 年法国科学院进行悬赏，要求人们对两位大数学家欧拉和拉格朗日考虑过的"刚体绕固定点旋转的问题"的任何重要之点加以改进。参加者的论文附上一条格言，名字就放进写有同样格言的信封里，这样学术委员会在裁判时就不会有任何偏见。结果在应征的 15 篇论文中以一篇有如下这条格言为题的论文最出色：

"讲你所知道的事情，做你所应做的事情，该是什么便是什么。"

这篇论文写得太好了，以致奖金从原先 3 000 法郎增到 5 000 法郎。获奖者是谁呢？就是索菲娅！

索菲娅非常高兴，她在给朋友的信中写道："从最伟大的数学家那里溜出去的，称为数学'女水妖'的问题被抓住了……被谁抓住的呢？索菲娅·柯瓦列夫斯卡娅！"

当时的法国报纸表扬她说：来领奖金的她，是第一个跨过科学院大门的女子。索菲娅的论文基本上是推广了魏尔斯特拉斯的思想以及在超椭圆积分上的工作，从而解决了困惑许多数学家的问题。

第二年瑞典皇家科学院因她其他研究论文而颁给她奖金，这些荣誉使最初藐视妇女的人们哑口

米塔-列夫勒

无言，最后大学也同意给予她正式教授的位置。

索菲娅在俄国的朋友们都希望她能回到俄国来为祖国的科学界服务，可是俄国科学院却给一个假仁假义的回答："在俄国，柯瓦列夫斯卡娅夫人不能获得像她如今在斯德哥尔摩那样荣誉的待遇和那样好的地位。"索菲娅对这样的回答不会感到奇怪，她记得在

首位跨进科学院的女性科学家索菲娅的照片陈列

9年前她曾设法要求俄国政府承认她在俄罗斯的学者权利。沙皇的大臣回答说,柯瓦列夫斯卡娅夫人和她的女儿等不到妇女能在俄国担任教授职务的时代。

也是文学家

在瑞典期间,索菲娅还利用业余时间写作。她和米塔-列夫勒的妹妹合写了一本话剧《为幸福而斗争》。在1889年她的自传体小说《拉叶夫斯基姐妹在巴黎公社》面世,在俄文版面世不久,就出现了瑞典文和丹麦文版,这部小说描写了俄国19世纪下半叶的社会和政治生活情况。文艺评论界赞扬她的文笔有"屠格涅夫那种清新风格"。

在一封写给朋友的信中,索菲娅叙述了她从事文学创作和数学研究的情形:"……我明白你对于我能同时忙于文学和数学而感到惊讶。许多人没有机会知道更多关于数学的内容,把它和算术混淆,而认为这是很枯燥的科学。事实上,这是一门需要有丰富想象力的科学,本世纪的一个伟大数学家一针见血地说过,如果心灵上不是一个诗人,就不可能成为数学家。要明白这意义,人们必须放弃传统的以为诗人必须发明毫不存在的东西,以及想象和创造是一回事的偏见。在我看来诗人需要发现别人所没发现的,并且较一般人有更深入的观察。对于数学家也需要这样。对我来说,我一生都不能决定比较偏向哪一方,文学还是数学。当我的脑筋被抽象思索弄得疲倦时,我马上倾向于观察生活事物。反过来当生活事物对我而言显得无趣且不重要时,只有永久不变的科学规律能吸引我。我如果集中精力在一个方面会很可能有更多的成就,然而我不能够把它们之一完全放弃。"

她常常在信中说,她的成功或失败不只是个人的事情,而是和所有女子的利益关联的。因此她对自己的要求非常严格。她认识到自己有较多的才能，也需作较大的贡献。

她写的一首诗里有这样一句：

"谁的才能多，向谁多要求！"

她研究的东西很广，包括纯粹数学、力学、物理学、天文学等领域。在力学的研究中，她在欧拉和拉格朗日被长期困扰的一个问题上取得了新突破（即找到了第三种"陀螺"的解）；在数学中，她完成了法国大数学家柯西的思想——偏微分方程理论的一个基本重要定理，柯西-柯瓦列夫斯卡娅定理就是以他们两个的名字命名的；在论土星的光环问题上，她补充并修正了拉普拉斯的理论。

1889 年，索菲娅爱上了已故丈夫的远亲马克西姆·柯瓦列夫斯基（Maxim Kovalevsky）。他是一名俄国的法学家，曾是国际社会学研究所副主席兼总裁，还担任社会学系主任。

马克西姆来到斯德哥尔摩做了一系列演讲，在那儿他遇见了索菲娅，两人之间产生了爱情。但是他们面对的基本问题是，他俩都太热衷于自己的工作，以至于不愿意放弃。马克西姆的工作使

位于斯德哥尔摩的索菲娅墓碑

他离开了斯德哥尔摩，他希望索菲娅放弃辛辛苦苦争取到的职位，只是成为一名妻子。索菲娅断然拒绝了这个主意，但仍然无法忍受失去他的痛苦。她在法国度过了一整个夏天，并陷入了一种经常性的抑郁状态。她再次转向写作，在法国期间，她完成了《童年的回忆》。

1891 年初，她感染了流行性感冒，于 2 月 10 日死于斯德哥尔摩，后来就被安葬在那里。

18世纪曾有一名德国医生写了一本书以"证明女人的头脑是低能的"。索菲娅死后，她的脑组织被保存在酒精里供医师研究，4年后医师把她的脑和德国大物理学家赫姆霍兹的进行比较，发现索菲娅的脑容量大过男人，有力驳斥了以往那种"男人样样强过女人"的谬论。

虽然她只活了短短41年，可是她在科学上的贡献不少。更重要的是她为女性做出示范，证明女性也能和男人一样在科学上进行发明创造。只要在一个合理的社会制度下，女性便能发挥她们的才能，的确是可以顶"半边天"的。

对索菲娅的纪念

为了纪念索菲娅，莫斯科、圣彼得堡和斯德哥尔摩各有一条"柯瓦列夫斯卡娅大街"。

纪念索菲娅的雕像

索菲娅的纪念章

1985 年成立了以她的名字命名的柯瓦列夫斯卡娅基金会,旨在支持发展中国家科学界的妇女。

2002 年,德国亚历山大·冯·洪堡基金会设立了索菲娅·柯瓦列夫斯卡娅奖,每两年颁发一次,授予有前途的年轻研究人员。

有一个月球陨石坑以她的名字命名。

有 3 部以她为主题的传记类电影和电视:

《索菲娅·柯瓦列夫斯卡娅》(*Sofya Kovalevskaya*,1956)由夏皮罗（I. Shapiro）执导,由云格（Y. Yunger）,科索洛夫（L. Kosolov）和谢泽耶夫斯卡娅(T. Sezenyevskaya)等主演。

《月球背面的山》(*Berget på månens baksida*,1983)由尤尔斯特伦(L. Hjulström)执导,由安德森（B. Andersson）等主演。

《索菲娅·柯瓦列夫斯卡娅》(*Sofya Kovalevskaya*,1985)由沙马利谢耶娃(A. Shakhmaliyeva)执导,萨福诺娃（Y. Safonova）主演索菲娅。

由数学家和教育家琼·斯皮奇(Joan Spicci)撰写的传记小说《超越极限:索菲娅·科瓦列夫斯卡娅的梦想》(*Beyond and Limit: The Dream of Sofya Kovalevskaya*,2002)由汤姆·多赫蒂协会有限责任公司出版,准确地描绘了她的早婚岁月和对教育的追求。它部分基于索菲娅的 88 封信,作者将其从俄语翻译为英语。

著名作家、2013 年诺贝尔文学奖获得者爱丽丝·门罗(Alice Munro)的短篇小说《太多的幸福》(*Too Much Happiness*)于 2009 年 8 月在《哈珀杂志》(*Harper's Magazine*)上发表,以索菲娅为主要角色。后来以同名出版物发表。

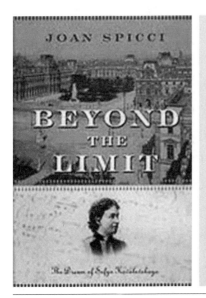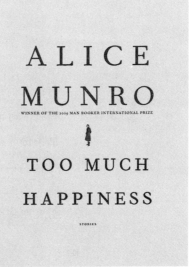

关于索菲娅的书

3 犹如李白的波斯数学家和诗人

——奥马尔·海亚姆

啊！人们说我的计算，

征服了时间，

把年份算得更准，

而日历让我们想起，

昨天已经逝去，

明天即将来临！

　　　　　　——奥马尔·海亚姆

昨天死了，明天未出生，

如果今天甜蜜，为什么还要担心呢？

　　　　　　——奥马尔·海亚姆

可怜的灵魂，

您将永远不知道真正重要的事情，

您甚至都不会发现人生的秘密之一。

尽管所有宗教都承诺天堂，

但请小心在这里和现在的地球上

創建自己的天堂。

——奥马尔·海亚姆

奉真主安拉的名，
数字无所不在，
几何无所不在，
真理也无所不在。

——奥马尔·海亚姆

我的心智始终把学问探讨，
使我困惑不解的问题已经很少，
七十二年我日夜苦思，
如今才懂得我什么也不曾知晓。

——奥马尔·海亚姆

　　奥马尔·海亚姆（Omar Khayyam）是 900 多年前的波斯数学家、哲学家、天文学家、医师和著名诗人。他被公认为是近代以来最重要的代数论文的作者之一。他曾得到当时统治者的重用，受邀来到伊斯法罕（Isfahan），在那里他制作了一种新的日历，称为贾拉利日历（Jalali calendar），该日历于 1075 年被马利克沙（Malik-Shah，当时的伊朗统治者）采用。海亚姆在伊斯法罕期间，领导一批天文学家编制天文表，为了纪念庇护人，定名为《马利克沙天文表》，现在只有一小部分流传下来，其中包括黄道坐标表和 100 颗最亮星的星表等。

　　阿拉伯人征服波斯地区以后，实行伊斯兰教的阴历。这种历法把一年分为 12 个月，6 个大月，6 个小月，大月 30 天，小月 29 天，全年 354 天。闰年增加一个闰日成为 355 天，30 年加 11 个闰日。阴历一年和实际的回归年 365.242 2 日相差约 11 天，因此和四季是不合拍的，这对农业很不方便。海亚姆时代，波斯人继续使用传统的阳历,但因置闰的方法不精,渐渐产生误差。有识之士看到,历法要符合天时,必须进行根本的改革。

马利克沙执政后,在伊斯法罕兴建天文台,聘请以海亚姆为首的一群天文学家去完成改革的任务。海亚姆提出在平年 365 天的基础上,每 33 年 365.242 2 日仅相差 19.37 秒钟,累计 4 460 年才差 1 天。而现行的公历(格里历)400 年置入 97 个闰日,历年长365.242 5 日,3 333 年差 1 天。

值得注意的是,如将 0.242 2 展开成连分数,可知各个渐近分数,第 1 个分数是 128 年差 1 天;第 2 个分数是 29 年 7 闰,121 8 年差 1 天。根据有理逼近的理论,比海亚姆闰法(33 年 8 闰)更精密的闰法有 95 年 23 闰,1 万年以上才差 1 天。如果限定周期小于95 年,那么 33 年 8 闰就是最佳的选择。这表明海亚姆有较高的理论水平。他以 1079 年 3 月 16 日为历法的起点,定名为马利克纪元或贾拉利纪元。可惜改历工作随着领导人的去世而夭折。

海亚姆于 1070 年写下影响深远的《代数问题的证明》(*Treatise on Demonstration of Problems of Algebra*),这是他最著名的数学著作。书中阐释了代数的原理,促进了波斯数学后来传至欧洲。他亦发现解决三次方程以及更高次方程的方法。此书的阿拉伯文手稿和拉丁文译本已保存下来,近代被译成多种文字。此书将代数学定义为"解方程的科学",这定义一直保留到 19 世纪末。这一时期,他的其他较有影响力的作品包括一本关于代数学的书、一本关于音乐的书,还有一本名为《算术问题》的教科书……所有这些都是他在 25 岁之前完成的。

高次方根

海亚姆在《代数学》一书中写道:"印度人有他们自己的开平

方、开立方方法……我写过一本书,证明他们的方法是正确的。并且我加以推广,可以求平方的平方、平方的立方、立方的立方等高次方根。这些代数的证明仅仅以《几何原本》的代数部分为根据。"

在现存的阿拉伯文献中,最早系统地给出自然数开高次方一般法则的是 13 世纪的纳西尔·丁·图西(Nasir Din Tusi)编纂的《算板与沙盘算术方法集成》(*Collection on Arithmetic by Means of Board and Dust*)。他没有指出发明者,但他非常熟悉海亚姆的工作,故该发明很可能来自海亚姆。

解三次方程

在高中时,我们了解 $ax^2+bx+c=0$ 形式的方程,这被称为二次方程。三次方程的形式为 $ax^3+bx^2+cx+d=0$。自然,三次方程比二次方程更难求解。

海亚姆在《代数问题的证明》中表明,三次方程式可以具有多个解。他还展示了如何利用圆锥曲线(如抛物线和圆)的相交来产生三次方程的几何解。阿基米德实际上早在 1 000 年前就开始从事这一领域的工作,当时他考虑了寻找球体一个部分与另一部分体积之比的具体问题。而海亚姆以更一般、更有条理的方式考虑了这个问题。

中世纪的阿拉伯数学家对圆锥曲线做了很多探索。海亚姆用圆锥曲线来解三次方程最值得称道,这种方法可以溯源于希腊的门奈赫莫斯(Menaechmus),事实上

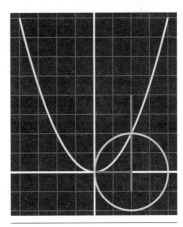

利用圆锥曲线的相交来产生三次方程的几何解

他就是为了解决倍立方问题（相当于三次方程 $x^3 = 2a^3$）而发现圆锥曲线的。后来阿基米德在《论球与圆柱》(*On the Sphere and the Cylinder*)卷 2 的命题 4 提出这样的问题：用一平面把球截成两部分，使这两部分的体积成定比。这一问题导致三次方程。

海亚姆解三次方程的手稿

对于 $x^2(a-x) = bc^2$，解法的要点是求两条圆锥曲线的交点，一条是双曲线 $(a-x)y = ab$，另一条是抛物线 $ax^2 = c^2y$。

海亚姆的功劳，在于考虑了所有形式的三次方程。由于他只取正根，系数也只限于正数，因此三次方程有各种不同的类型。他将一、二、三次方程归结为 25 类，属于三次方程的有 14 类：

缺一次项的 3 类：$x^3 + cx^2 = a$，$x^3 + a = cx^2$，$cx^2 + a = x^3$；

缺二次项的 3 类：$x^3 + bx = a$，$x^3 + a = bx$，$bx + a = x^3$；

一次项、二次项都缺的 1 类：$x^3 = a$；

不缺项的 7 类：$x^3 + cx^2 + bx = a$，$x^3 + cx^2 + a = bx$，$x^3 + bx + a = cx^2$，$cx^2 + bx + a = x^3$，$x^3 + cx^2 = bx + a$，$x^3 + bx = cx^2 + a$，$x^3 + a = cx^2 + bx$。

每一类都给出几何解法，即用两条圆锥曲线的交点来确定方程的根。海亚姆在《代数学》中，专门阐述了方程的几何解法。下面用现代术语和符号来分析他的方法。

要解的方程是：

$$x^3 + ax = b \tag{1}$$

海亚姆把它转化成如下形式:

$$x^3 + c^2 x = c^2 h \qquad (2)$$

右端 $c^2 h$ 表示一个以 c, c, h 为边的长方体。用解析几何的语言来说,方程(2)的根就是抛物线

$$x^2 = cy \qquad (3)$$

和半圆周

$$y^2 = x(h-x) \qquad (4)$$

交点的横坐标 x。因为从(3)(4)两式消去 y,就得到式(2)。

以 $BO = h$ 为直径作半圆 BPO,作 $AOD \perp BO$,以 O 为顶点,$OA = c$ 为参数(正焦弦)作抛物线 POQ 交半圆周于 P。作 $PD \perp AD$,$PE \perp BO$,则 PD 就是式(2)的根。记 $PD = x$, $PE = y$,在半圆内,

$$PE^2 = y^2 = EO \cdot BE = PD \cdot BE = x(h-x)$$

根据抛物线的性质,

$$PD^2 = x^2 = OA \cdot PE = cy$$

这正是(3)(4)两式。

用现代的观点看,如果引入负数并承认负根,三次方程可以写成统一的形式

$$x^3 + ax^2 + b^2 x + c^3 = 0 \qquad (5)$$

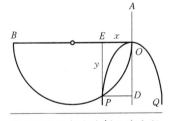

海亚姆用几何方法解三次方程

将

$$x^2 = py \qquad (6)$$

代入(5),得到

$$pxy + apy + b^2 x + c^3 = 0 \qquad (7)$$

(6)是抛物线，(7)是双曲线。作出这两条线，交点的横坐标便是(5)的根。

海亚姆也曾探索过三次方程的算术解法，但没有成功。他在《代数学》中写道："对于那些含有常数项、一次项、二次项的方程，也许后人能够给出算术解法。"经过几百年的努力，三次、四次方程的一般代数解法直到 16 世纪才由意大利数学家给出，五次方程及以上的可解性问题到 19 世纪才解决。

奥马尔·海亚姆的几何代数学

海亚姆发展了欧几里得的几何代数学，使几何与代数更紧密地联系起来，这是一项重要的贡献。可惜在 1851 年韦普克(F. Woepcke)的译本出现之前，欧洲人几乎完全不知道他的工作（尽管在 18 世纪已有一些零星的介绍），否则解析几何的发现和推进会更加迅速。

海亚姆主要采用第四公设进行第五公设的证明尝试，这个尝试可以说是作为非欧几何的先驱而出现的。对于近现代数学来说，另一个非常重要的突破，就是取消平行线假设从而创造出非欧几何，不过在那个年代，大家都还不会去尝试取消这个假设，而是希望，是否能够通过一种方法由其他的 4 条公设将第五公设证明出来。其实，自从首次出版《几何原本》以来，数学家就一直在尝试使用欧几里得的前 4 个假设来证明平行假设。他们注定要失败。我们现在知道，不可能用欧几里得的其他假设来证明平行假设。

海亚姆的尝试很有趣。在他的《欧几里得基本原理假设中的困难的解释》(*Explanation of the Difficulties in the Postulates of Euclid*)中，他要求读者考虑一条直线 *AB* 以及两条垂直于 *AB* 的相等线，并看到 3 种可能的排列方式，它们可以形成四边形图形。

然后，他驳斥了角度 C 和（或）角度 D 可能不是直角的任何可能性，并且只有第二个四边形才可能。因此，他认为自己已经证明了平行假设。实际上，他没有做到，他所做的一切都以不同的方式表示出来。

对于数学史学家而言，有趣的是，在海亚姆的思想中，他们可以看到非欧几何的第一缕微光。

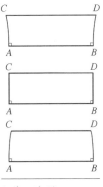

3 种四边形

30 岁开始诗歌创作

海亚姆 30 岁开始诗歌创作。他留给后代的诗都收集在《鲁拜集》(*The Rubaiyat*)里。"鲁拜"是一种诗体的译名，一首四行，第一、二、四行押韵，第三行大体不押韵，类似于我国的绝句。

海亚姆生活在塞尔柱帝国社会矛盾不断加深的动荡年代，因此诗歌中充满了对当时社会强烈不满、渴望改变现实的愿望。同时，诗人还通过诗歌讽刺当时的种种神学理论，充满对生命意义的探索和对人生不永的感叹。海亚姆的抒情诗特色鲜明，内容充实，

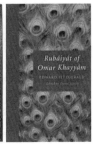

不同版本的《鲁拜集》

语言优美、凝练，想象丰富，诗中蕴含着哲理，发人深思。《鲁拜集》中，一首诗配合一个意境，非常优美。

以下撷取了部分诗歌：

啊，在我们未成尘土之先，
用尽千金尽可尽情沉湎，
尘土归尘，尘下陈人，
歌声酒滴——永远不能到九泉！

我们是世界的希望和果实，
我们是智慧眼睛的黑眸子，
假如把世界看成一个指环，
无疑，我们就是镶在指环上的那块宝石！

意识到这一点：有一天，你的灵魂将离开你的身体，
你将被吸引到漂浮在我们与未知之间的帷幕后面，
等待那一刻的时候，要开心，
因为你不知道自己来自哪里，也不知道要去哪里。

不知道是为了什么，来到这宇宙中间，
不知道从何而来，像流水潺潺，
离开这世界，像沙漠里的风，
呜呜地吹着，也不知去向哪边。

在世上谁要跟着欲求的脚印走路，
在你离去之时将是一个穷人，也无人相助，
常常想想你是谁，是从哪里来的，
你在干什么，哪里又是你的归宿。

只要你有四两酒，

你就喝掉它，像一个酒徒，

谁这样，谁就将精神爽朗，

你装模作样，也不像我这样忧愁。

敌视我的人说我是哲学家，

创世主晓得这是一派胡话，

自从来到这浮生逆旅，

我是何许人，自己也难于回答。

如若能像天神一样主宰苍天，

我就把这苍天一举掀翻，

再铸乾坤，重造天宇，

让不愿作奴隶的人称心如愿。

　　李白是唐代伟大的浪漫主义诗人，因酷爱喝酒自喻为"酒中仙"，你看海亚姆的诗的风格是不是很像李白的？著名理论物理学家、数学家戴森(F. Dyson)把海亚姆定位为"反叛的科学家"。在《作为反叛者的科学家》(*The Scientist as Rebel*)中，戴森写道："对伟大的阿拉伯数学家和天文学家奥马尔·海亚姆来说，科学是对伊斯兰教义束缚才智的反叛，这种反叛在他无与伦比的诗句中展露无疑：

人称天宇是个复盆，

我们匍匐着在此生死，

莫用举手去求他哀怜，

因为他之不能动移犹如我你。"

海亚姆于 1131 年 12 月 4 日在其故乡内沙布尔(Nishapur)逝世，享年 83 岁。为了纪念他，1934 年，由多国集资，在他的故乡修建了一座高大的陵墓，那是一座结构复杂的几何体建筑，四周围绕着 8 块尖尖的菱形结构，菱形内部镶嵌着美丽花纹。

海亚姆的陵墓

海亚姆的雕像位于通往其陵墓的人行道旁

海亚姆雕像底部的一块牌匾

4 使巴西人爱数学如足球的数学家

——马尔巴·塔罕

对于学习困难的学生,如果有这么多其他的数字可以用,为什么要给零分呢?

——马尔巴·塔罕

对神奇的数学,还是有一定的逻辑可循。

——马尔巴·塔罕

即使是表面最简单的数目,也能令最智慧的人眼花缭乱。甚至连那些看起来完美无瑕的除法,有时其中也难免暗藏着谬误。但是正由于运算这件事莫测难定,数学家的学术威望才如此不容否定。

——马尔巴·塔罕

如果你不懂得精确运算,你所谓的法眼根本不值一文。但如果你的法眼全只是从运算得来,那也更没什么好信的。

——马尔巴·塔罕

计算之所以似乎很难，有时候是因为计算者不够小心，或者能力不足。

——马尔巴·塔罕

没有理由浪费时间，因为活着就是建立我们未来的业力。

——马尔巴·塔罕

遇到问题要勇敢并且小心地去面对，虽然做出来的成果不一定会是好的，但是至少你愿意为了它付出。而当你为了你的快乐而付出，你所失去的东西却又好像不是那么的重要。

——马尔巴·塔罕

传奇是通俗文学作品中最精致的表达方式。在诱人的故事中，人们试图摆脱日常的庸俗化，以梦想的灵性美化生活。

——马尔巴·塔罕

国家以他的生日定为"数学日"

巴西有一位作家和数学教授名叫朱利奥·塞萨尔·德·梅洛·苏扎（Júlio César de Melloe Souza，1895—1974），他用马尔巴·塔罕（Malba Tahan）为笔名写的《数学天方夜谭——撒米尔的奇幻之旅》（*The Man Who Counted*）荣获巴西文学院大奖，他的生日也被立为巴西数学日，是巴西唯一和足球运动员同样有名的数学老师。

朱利奥是巴西最伟大的数学推动者之一，他自创了有趣的教学方法，直到今天仍然被应用。他一共撰写了103本书，其中包括科幻小说、教学作品和科学书籍。朱利奥小时候读了《天方夜谭》

马尔巴·塔罕和他的《数学天方夜谭——撒米尔的奇幻之旅》

（又名《一千零一夜》），就爱上了阿拉伯文化。但是直到 1919 年
23 岁时，他才开始学习阿拉伯语言和文化。他寻求一种将数学的
奥秘和乐趣带给广大公众的方法。他最著名的作品《数学天方夜
谭——撒米尔的奇幻之旅》1974 年在巴西售出超过 100 万本，到
2020 年，出了第 79 版，售出超过 260 万册。这本书在国际上也享
有很高的声誉，被翻译成多种语言，有中文、英语、德语、法语、西班
牙语、希腊语、荷兰语、蒙古语和加泰罗尼亚语，在今天仍重新发行
和大量销售。

　　在这本书里，主人公撒米尔带领读者踏上一段历险的旅程。
在这一旅程中，撒米尔一次又一次地利用他非凡的数学能力来解
决争端，提供明智的建议，征服危险的敌人并为自己赢得名声、财
富和丰厚的回报。我们学习并羡慕撒米尔的智慧和耐心，这些故
事为读者带来了不同寻常的欢乐。

　　巴西是一个读书人很少的国家，每个人都沉迷体育。然而，当
这本书在 20 世纪 50 年代问世时，马尔巴·塔罕变得和足球运动
员一样出名。因此在巴西，当告诉朋友们"我现在正在研究数学
时"，他们都说："哦，您必须阅读马尔巴·塔罕。"那个时代的孩子
们会说："哦，我记得我的父母给我读过这本书。"就像《爱丽丝梦游
仙境》一样，这本书是人们怀念童年的礼物之一。

出身于老师家庭

朱利奥童年大部分时间都在圣保罗州的一个小城镇克卢什(Queluz)度过。他的父亲苏扎(J. Souza)是一名公务员，薪水有限，还得抚养8个子女。母亲辛哈(D. Sinhá)在客厅里开办有4个班级的学校。朱利奥和妹妹茹列塔(Julieta)帮助分发笔记本、收作业、擦石板，顺带摇摇婴儿床，使小妹妹奥尔加(Olga)睡觉。朱利奥在母亲办的学校里上了小学。但实际上，母亲和老师卡洛斯(C. Carlos)欠缺教学才能。

朱利奥被称作一个充满活力和想象力的孩子。他调皮捣蛋，最喜欢发明玩具，还有后院和帕拉伊巴河河岸上的青蛙。他曾经把青蛙作为宠物养，有一次他在院子里养了大约50只，并用魔杖带领它们。其中一只绰号为"主教"，跟随他穿过城镇。

长大后，他通过组装大量的青蛙小雕像来追随这一爱好。许多朋友和仰慕者开始向他赠送陶器、木头、铁、玉和水晶制作的青蛙。有一次，被问到为什么他这么喜欢青蛙而忽略了其他娱乐？

朱利奥组装青蛙小雕像

他回答说："我喜欢青蛙,因为它们谨慎。在那丑陋的眉头、冰冷且令人厌恶的身体的背后,它们是真正有用且聪明的生物。"

小时数学并不好

1905 年,朱利奥与哥哥若昂·巴蒂斯塔(João Batista)一起前往里约热内卢,就读一所著名中学,即里约热内卢军事学院。他于 1906 年被科莱吉奥大学录取,并于 1909 年离开,前往佩德罗二世学院。

具有讽刺意味的是,这个将成为有史以来最著名的巴西数学家的孩子本身却是一个数学并不好的学生。朱利奥在佩德罗二世学院的成绩单上记录了一次代数考试不及格,而他的算术考试几乎从来没有通过。在 1905 年给父母的一封信中,哥哥巴蒂斯塔说到小朱利奥"写作不好,数学失败"。朱利奥后来将这些结果归因于当时的教学实践基于"令人讨厌的方法"。

朱利奥曾在国家图书馆担任过一段时间助理,后来成为师范大学、佩德罗二世学院、里约热内卢联邦大学的教授以及国立教育学院的主席。他教过历史、地理、物理,后来才教数学。

永远不会给学生零分的老师

朱利奥化名马尔巴·塔罕提了不少算术和代数问题,这些问题与《一千零一夜》的故事一样迷人。他的真实身份是一位富有创造力和大胆的老师,远远超出他那个时代的理论和解释性教学模式。他创造了独特而有趣的教学方法,他将教室变成了一个舞台,他就像一个致力于吸引观众的演员,以自己创造的方法吸引了学生的注意和赞赏,并专注于通过娱乐获得学习。他还是一位激烈的批评家，当时很大一部分教师的课程都乏味且故意复杂化，这些课程受到他的强烈批评。

他在 1973 年发表讲话时说："您假装看不到孩子的错误，然后逐渐认识他们。"

在巴西的 0 到 10 评分系统中，他声称绝不会给出零分。"当有太多数字可供选择时，为什么要给零？"他曾经说过。

他会将最弱的学生交给最聪明的学生："到第一学期末，他们都将超过及格线。"

在《数学天方夜谭——撒米尔的奇幻之旅》的第 9 章《命中注定》里，他透过撒米尔之口，以希帕蒂娅（Hypatia）为例，反驳了大众认为"女性无法学好数学"的错误说法（即使在今天，仍有不少人有这样的想法！），这对于女生在数学学习方面颇有激励鼓舞的作用。

除了在学校上课外，他还举办了 2 000 多场有关数学教学的

朱利奥和学生们

讲座,并撰写了许多相关著作。他在所有作品中都为把游戏用作教具辩护,并捍卫了"数学实验室"——在这样的粉笔黑板课堂上学生可从事创造性活动,这一建议得到人们的认可。他的书中出现的数字难题让孩子们感到兴奋,甚至非数学爱好者也会喜欢它!比干巴巴的教科书好得多。

尽管朱利奥的方法和风格吸引了所有学生,但他却遭到了许多同事的反对。他的孙子内托(A. P. Neto)表示,巴西的数学老师并非他的粉丝,而认为他是异端:"数学老师不喜欢他,因为他使数学变得容易,而这并不是他们的目标。我祖父经常说数学老师是虐待狂,因为他们喜欢看到学生受苦。"

朱利奥与他的 3 个孩子

他的想法相当先进

除了独特而引人入胜的教学方式外,朱利奥的著作还以生动有趣的主题革新了数学教学,使每件作品都具有无穷无尽的创造力。他因此受到认可,在国际上享有盛誉。他的想象力是无限的,他从未涉足过沙漠及靠近的城市，却在书中赋予生动的描述。

如何使数学变得有趣？他说："我是工程师和老师。我从来无法解决他们在数学方面遇到的困难。我始终不曾服从大多数数学家的指导，他们坚持以纯抽象为基础。也许这就是我撰写《数学天方夜谭——撒米尔的奇幻之旅》的想法诞生的地方。"

朱利奥是20世纪上半叶数学课程惯常教学的严厉批评者（曾在国会上做过激烈的讨论）。在教育方面，他比时代提前了几十年，今天他的建议仍然受到赞扬（但未得到执行）：在数学教学中运用数学史；解决非机械问题的教学防御；娱乐活动的教学探索和数学教学中混凝土材料的使用；使数学课堂成为学生愉快思考的场地，让学生在游戏中玩，在玩乐中学，从而感到"数学好玩"，在轻松愉快的游戏中不知不觉地喜欢学数学。

他也是最早探索广播电视教学可能性的人之一。

为麻风病人争取权益

在巴西有很多人患有一种病，就是麻风病，取自梵文"Kusta"，意思是"会导致皮肤变色，外形扭曲，以及给患者带来不适的疾病"。医学领域称为汉森病（Hansen's Disease），是由麻风杆菌引起的一种慢性传染病。麻风杆菌侵害皮肤、神经，病人样子特别可怕：眼睛烂、眉毛掉、手像鸡爪一节节溃烂。麻风病在世界上已存在5 000年，在中国也已存在2 000多年，时至今日仍未根除。它在世界范围内流行很广，估计现有病人1 000万左右，他们主要分布于亚洲、非洲及拉丁美洲。好在麻风病传染性并不强，可用抗生素予以战胜。

美洲土生土长的印第安人中原本没有麻风病流行，到了15世纪末和16世纪初，哥伦布发现新大陆后不久，才由西班牙人传入南美洲。1543 年，在哥伦比亚首先发现了麻风病人。此后欧洲殖民者贩卖非洲黑人奴隶至美洲，扩大了麻风病在南美的传播。古巴著名革命者切·格瓦拉（Che Guevara，1928—1967），本名埃内斯托·格瓦拉（Ernesto Guevara），出生于阿根廷的贵族家庭，专长是皮肤病学，他对麻风病特别感兴趣，后来不顾危险地为麻风病人服务，赢得了人民的爱戴。

在巴西，人们曾歧视麻风病人，建立麻风病集中隔离区即麻风村。那些村建在荒山老林，高高的围墙，像监狱似的，是一个被社会抛弃的地方。被隔绝的麻风村、麻风岛逐渐形成一个社会，由一群容貌可怖、身体残缺的病人组成。许多麻风病患者得不到好的医学治疗和保障，病情不断加重，甚至变成残废，以致丧失劳动能力，最终甚至被活埋或烧掉。

朱利奥很同情麻风病人，他跑去关心这些因隔离被剥夺基本权益的病人，并替他们争取权益，协助康复者及其后代融入主流社会。妻子说他比其他健康人了解更多的病人。他发表杂志文章宣讲要结束对麻风病人的偏见，并呼吁让他们重新融入社会。在遗嘱中，他还给麻风病人留言。

朱利奥的书

朱利奥喜欢读警察的故事，也喜欢讲故事，还喜欢打桥牌和动物游戏。他每天都要刮胡子和剪头发。通常，他在凌晨 4 点醒来，赤脚走过屋子，寻找灵感。他的书桌上摆满了字典、信件、书籍、不完整的文章以及白纸。他经常睡在他正在读的书或百科全书旁边。

他还抽出时间写了分析、几何、三角函数等方面的几本数学书。

以下列出朱利奥的一些代表作：

《数学天方夜谭——撒米尔的奇幻之旅》：主要是讲故事和数

学谜语。这本书体现了他熟练的写作技巧。

《彩虹的影子》：他认为是自己最好的作品。这是一本小说，遍布着他认为最好的民族诗集。

《几何丑闻》：这是一本教科书，因此署名朱利奥。后来，甚至有关数学的著作他也会署名马尔巴·塔罕。

《从数学的角度看动物游戏》：评估了动物游戏中的数学模型和获胜的机会。

《数学的奇迹》：在教育中夹杂了顽皮的元素。

另一本著名的书《有趣与好奇的数学》收集了古玩。

朱利奥的代表作

"*Al-Karismi*"：一本引人入胜的杂志，例如提到最重要的"女性数学家"的名字。作者还在其中回答了读者的来信和询问。

《天堂的美和奇观》：这本书分析了天文学现象，例如彗星的轨道，也证明了数学在天体运动研究中的地位。

编撰马尔巴·塔罕的历史

朱利奥为马尔巴·塔罕创造了详尽的历史：

马尔巴·塔罕画像

阿里·耶兹德·伊兹-爱丁·伊本-萨林·马尔巴·塔罕是一位著名的阿拉伯作家，于 1885 年 5 月 6 日出生在靠近麦加古城的穆萨利特村。他的父亲是一个能干的商人，父亲退休后，一家人搬到开罗，在那里他们保持了经济上的繁荣。塔罕首先在开罗学习，之后去了君士坦丁堡，在那里他完成了对社会科学的研究。他的第一部文学作品可追溯到这一时期，并用土耳其语出版在几家报纸和杂志上。

当他的朋友埃米尔·阿卜杜勒·阿齐兹·本·易卜拉欣任命他为麦地那市市长时，他还很年轻，以罕见的智慧和技巧履行了行政职责。他再次设法避免朝圣者和地方当局之间发生严重冲突，始终设法为参观伊斯兰圣地的杰出外国人提供宝贵和无私的保护。1912 年父亲去世后，塔罕 27 岁，从父亲那里继承了一笔巨款后，他离开自己在麦地那的职位，开始了遍及世界各地的漫长旅程。

他穿越了中国、日本、俄罗斯、印度和欧洲的大部分地区，观察了不同民族的习俗，写了许多作品。1921 年 7 月他在一场战斗中阵亡，当时他为阿拉伯中部的一个小部落的自由而战。

据说马尔巴·塔罕在阿拉伯语中是"绿洲的磨坊主"。但实际上塔罕是朱利奥的学生玛丽亚·泽什苏克·塔罕（Maria Zechsuk Tahan）的姓。

马尔巴·塔罕的书最初是用阿拉伯语写的，也是由虚构的布雷诺·阿伦卡·比安科教授翻译成葡萄牙语。这本是一个"文学骗局"，根本就不存在马尔巴·塔罕，他是里约热内卢的数学老师朱利奥的笔名，从未涉足中东。

朱利奥（左图中的他装扮成阿拉伯人）

《数学天方夜谭——撒米尔的奇幻之旅》

这本书带有童话般的味道，有很多对风景如画的场景的描述,还有很多有趣的数学。除了难题,对数学的历史也进行了描述,包括重要的零的发明,以及国际象棋的发明。数学的分支有算术、代数和几何,但这些领域是互补的,而不是独立的,作为课堂学习的辅导读物,该书强调了这一点。令人惊叹的是书中一个又一个奇妙的故事,它是文学作品与数学之美的完美结合,这不仅有利于发展数学思维,而且还使数学变得很有趣。

这本书以中东的异国情调为背景,融合了伊斯兰文化、希腊遗产和其他伟大文化的各个方面,并以引人入胜的现实主义反映了当时的哲学、宗教和社会氛围。在叙事中,可以发现能引起读者好奇的数学和逻辑问题,这些问题看似困惑,很复杂,但总能通过简单推理得到阐明。它由一些可爱的小故事组成,每章几页,介绍一个数学思想,例如"完美数""142 857 的怪异属性""魔方""讲真话者与说谎者的谜题",以及一个有关穿越阿拉伯的故事,等等。

我们来看第一个故事:

"太神奇了!"我惊奇不已,大喊:"简直难以置信! 一个人竟能只看一眼,就可以数出园中有几根枝子,园中有多少花朵。这本事,可以令任何人大发其财呢!"

"你真这么认为?"撒米尔也惊呼道,"我从来没这么想过。数它几百万片叶子、几百万只蜜蜂,就可以数出很多钱来。但这株树上到底长了几根枝丫,或那群倏忽飞过天际的鸟儿共有几只,谁可能会对这些感兴趣呢?"

我解释给他听:"你这神奇的技能,可以施展到几万种不同的用途上去。比方在君士坦丁堡这种大帝都里,甚至在巴格达,你都可以为政府提供无价的功能。你可以帮他们数人口、数军队、数牲口。不论是日用商品、收成、税捐,还是全国总资产等,这些计算对你来说都轻而易举。"

善于数数的撒米尔答道："如果真能如此，那我打定主意了，一定要上巴格达去。"

于是不再多说，他立刻爬上骆驼，坐到我的背后——因为我们总共就只有这一头坐骑——然后我们就往那座灿烂辉煌的城池去了。就从这一刻起，乡间小路上偶然认识的两个人不但成为朋友，也变成无法分离的同行旅伴。

撒米尔个性开朗，相当健谈。年纪还很轻（不到 26 岁），聪明灵活，对数学这门科学极具天分。即使是最小、最不起眼的事物，他也能从中推出一般人难以想象的类比关系，充分展现他在数学上的敏锐能力。他也很会说故事，各种趣闻轶事，配上他本来就很奇特生动的话语，越发多彩多姿。

可是这时候，他却一连几小时都不开口，深陷在完全无法穿透的静默之中，思索天文数字级的运算。遇到这种情况，我就尽量地抑制自己，努力不去打扰他，让他可以安静思考，使用他那无与伦比的聪明脑袋，沉潜在数学那晦涩幽深的奥秘之中，进行奇妙迷人的新发现。而数学，正是经由我们阿拉伯民族极力地开发、拓展，才能达到如此境地。

当一个值得重述的事件发生时，我们已经旅行了几个小时而没有停下来，我的同伴撒米尔发挥了他的才华，成为一位著名的代数培养者。

在一个废弃的半旧旅馆附近，我们看到 3 个人在骆驼群旁边激烈争论。在喧闹和侮辱中，这些人在激烈的辩论中疯狂地打手势，我们可以听到他们愤怒的叫声：

"它不可能是！"

"那是抢劫！"

"但是我不同意！"

聪明的撒米尔问他们为什么吵架。

老大解释说："我们是兄弟。我们继承了 35 头骆驼作为我们的遗产。根据我父亲的明确愿望,其中一半属于我,三分之一属于我的兄弟哈米德,九分之一属于我最小的兄弟哈里姆。然而,我们不知道如何进行划分,无论怎么分,我们中总有人提出争议。

到目前为止尝试的解决方案中,没有一个是可以接受的,35 的一半是 17.5。如果一个数字的三分之一或九分之一都不是精确数字,那么我们如何进行除法?"

"很简单,"善于计数的撒米尔说,"我保证公平地进行分割,但让我在 35 头骆驼的遗产中加入这一出色的野兽,正是这样的机会将我们带到了这里。"

在这一点上,我进行了干预:"但是我不能允许这种疯狂。如果我们没有骆驼,我们将如何继续前进?"

"别担心,我的巴格达朋友,"撒米尔小声说道,"我很清楚我在做什么。把你的骆驼给我,你会看到什么结果。"

正是他这种充满自信的语气,使我毫不犹豫地放弃了我美丽的贾迈勒,然后将其添加到必须分配给三兄弟的骆驼中。

他说:"我的朋友们,我将对骆驼进行公正、准确地划分,现在排名第 36。"

谈到兄弟中的长者,他这样说:"您原本应有 35 的一半,即 17.5。现在,您将收到 36 的一半,即 18。您无需抱怨,因为您可以从中获益。"

再谈第二个继承人,他继续说道:"而你,哈米德,你原本应得到 35 份的三分之一,即 11 份多一些。现在,您将获得 36 份的三分之一,即 12。"

最后,他对最小的孩子说:"还有年轻的哈里姆,根据父亲的遗愿,您应得到 35 头骆驼中的九分之一,即 3 头还多一些。不过,我将分给您 36 份的九分之一,即 4。您已经从中受益匪浅,应该感激不尽。"

他以最大的信心得出结论："通过这一有利于所有人的分配，18 头骆驼属于大哥，12 头骆驼属于二哥，而 4 头骆驼属于小弟，18＋12＋4＝34 头骆驼。因此，在 36 头骆驼中，还剩下 2 头骆驼。如您所知，其中一头属于我来自巴格达的朋友。另一头理所当然属于我，因为我解决了继承的复杂问题，使每个人都满意。"

"兄弟，您是最聪明的人，"三兄弟中最年长的人喊道，"并且我们对您的解决方案充满信任，因为它是通过公正和公平实现的。"

聪明的撒米尔将我的骆驼还给我时说："现在，亲爱的朋友，您可以继续骑着骆驼舒适地旅行。我有自己的骆驼来载我。"

然后我们朝巴格达行驶。

他解决的第一个问题是 3 个兄弟继承 35 头骆驼。接下来是分面包问题。

三天后的途中，路过一处小村庄，在一片废墟中，我们看见地上卧着一名可怜的旅人，衣衫褴褛，而且一看就知道身受重伤，状况非常凄惨。我们连忙上前救起这个不幸的家伙，然后他也把自己的悲惨遭遇说给我们听。

他的名字是纳瑟尔，是巴格达城最富有的商贾之一。几天之前，他的大队商旅正从巴士拉回程，准备前往赫列，却在半途遭到袭击，来者是一批波斯族沙漠牧民。车队众人几乎都惨死在这伙强盗手下，身为商队领队的纳瑟尔躲在自家奴仆尸身间的沙地中，奇迹般地保住了性命。说完这段悲惨遭遇，他用颤抖的声音问我们："请问两位，身上可带有什么吃食？我已经快饿死了。"

"我有 3 条面包。"我说。

"我有 5 条。"善数数的撒米尔说。

"好极了，"富商老爷说，"我恳求二位把面包分给我吃。我会公平合理地回报。我答应等我一回到巴格达，就回赠8枚金币。"我们答应了他的请求。

第二天黄昏时分，我们抵达了那座号称"东方之珠"的名城巴格达。正要穿越熙来攘往的热闹广场，我们的去路却被一支华丽的队伍挡住。只见众多随员之前，一骑当先，高踞漂亮的栗色马儿背上的，正是本朝高官玛勒夫大人。他一看见与我们同行的纳瑟尔老爷，立刻命令身后那支耀目的队伍停步，大声唤他："发生了什么事？我的朋友？怎么你衣衫褴褛地到了巴格达城？还同两名陌生人走在一起？"

可怜的纳瑟尔老爷把事情原原本本地告诉了他，并热情地赞颂我们。

"立刻把酬金付给那两位陌生人。"玛勒夫大人吩咐，从钱囊中取出8枚金币交给纳瑟尔，又说："我要立刻带你进宫。因为我们的哈里发——众虔信者的捍卫者，一定想得知这个消息：这群强盗贝都人，竟然又做出这等伤天害理的事。而且就在堂堂哈里发的辖地之内，攻击我们的友人、洗劫我们的商队。"于是纳瑟尔对我们说："在此向二位道别了，我的朋友。不过我要再次向你们表示感谢，并如先前承诺，回报你们的慷慨相助。"他向撒米尔说："这是5枚金币，谢谢您拿出的5条面包。"

然后又对我说："这是3枚，给您，我的巴格达友人，谢谢您的3条面包。"

非常出乎我意料的是，撒米尔却恭敬地表示异议："阁下！对不起，请容我说一句，这样的分配看来似乎简单明了，在数学上却不尽正确。我拿出5条面包，所以该分得7枚金币。我的朋友提供3条，所以只应得1枚。"

"以穆罕默德之名！"大人惊呼起来，显然对这状况非常感兴趣，"请问这位陌生客，怎么会提出这等可笑的分法？"

善数数的撒米尔不慌不忙上前，向这位朝廷要员报告如下：

"且让在下为大人您说个分明：我的建议在数学上绝对无误。您瞧，旅途之中，每当我们感到肚子饿了，我便拿出一条面包，平分成 3 等份，我们每人各吃了 1 份。所以我的 5 条面包，总共分成了 15 份，对吧？我朋友的 3 条，又是 9 份，加起来一共是 24 份。我的 15 份中，我自己吃了 8 份，所以实际上我等于只贡献了 7 份。我朋友提供 9 份，但是他本身也吃了 8 份，因此他只贡献了 1 份。我提供的 7 份，加上我朋友的 1 份，一共 8 份，都给了纳瑟尔。所以我该得 7 枚金币，我朋友只得 1 枚，如此分配方属合理。"

玛勒夫大人盛赞善数数的撒米尔，然后便下令该给他 7 枚金币，给我 1 枚。因为我们这位数学家提出的证明既合逻辑又极完美，全然无懈可击。

然而这个分法再公正，撒米尔显然还是不能满意。他转身向惊诧不已的大人阁下继续又说："这个分法，我 7 他 1，虽然正如我所证明，在数学上可谓完美，但是在我们全能主的眼中却欠完美。"

说着，他又把金币收在一起，平均分成两堆，给我 4 枚，自己留下 4 枚。

"此人实在太不寻常！"大人宣布，"起先，他不肯接受五三的分配。然后提出证明，显示他自己有权利得到 7 枚，伙伴只得 1 枚。但是接下来，他竟然又把这些金币重新平分，将其中一半分给了他的伙伴。"

大人越说越热情："以全能者之名！这位年轻人不但在算学上聪明敏捷，同时也是一位最好又慷慨的友人。我要任命他担任我的秘书，今天就生效。"

善数数的撒米尔答道:"大人,我注意到您刚才一共说了30 个词语、125 个字母,说出了我这辈子所听到的最高美誉。愿安拉永远祝福保佑您!"

吾友撒米尔堪称运算奇才,甚至能数出对方所用的词语、字母的个数。我们全体都对他的天资啧啧称奇。

书中还借用撒米尔之口说明了数学的力量:

"阿拉伯的王啊,博学之士都知道,数学乃是从人类灵魂的觉醒而生,可是他却不是怀着使用目的而来的。当初激发这门科学的一个推动力,乃是人类想要解决宇宙奥秘的欲望,因此数学的发展是从想要深入了解无限的那份心力而来。即使到了现在,经过几世纪的尝试,努力揭开那道厚重的帷幕之后,推动我们前进的力量依然是这份追寻无限的用心。人类的物质进步取决于当今的科学家;而未来人类的物质进步,也将取决于他们,他们的工作追求纯属科学性的目标,却从不考虑自己的理论在实际上有任何应用。"撒米尔短暂停了一下,然后又继续说下去,脸上带着笑容,"数学家做运算,或寻找数字间的关系,并不是带着实际目的去寻找真理。开发数学,却只是为着实用,不啻踩蹑了科学的意蕴。谁能预想到同样一件谜般的事物,历千年之后能有何影响?谁又能以当下此刻的方程式,解决未来的未知之事?只有安拉才知道真相。而且今日的理论考掘,一两千年之内能提供宝贵的实际用途,也未可知呢。因此请务必切记:数学,除了计算面积、测量容积之外,同时也拥有更崇高的目的,记住这件事是很要紧的。因为在智慧与理性的发展上,数学是如此宝贵无价,因此若要令人感受到思想力量之伟大,以及精神灵性之奇妙,数学是最能发挥功效的方式之一。"

走在这条漫长而又光辉照耀的路上，我们随时不可或忘诗人兼数学家奥马尔·海亚姆给我们的智慧忠告，愿安拉赞誉他！他教导我们：

切勿让你的才智，引起邻人的苦恼不幸，

提高警觉监视自己，绝不可令自己陷于狂怒暴烈，

若你祈望平安，面对伤害你的命运之际，

就当笑容以对，不要对任何人行恶事。

去世前希望葬礼能从简

朱利奥一生在教育事业上孜孜不倦，79岁时，还一直进行巡回演讲。应教育和文化秘书处的邀请，他在1974年6月18日到累西腓，为教师们讲授"阅读和讲故事的艺术"和"数学教学中的游戏和娱乐"课程。他与妻子一起住在旅馆里，在准备上课前，于凌晨5点30分因心脏病发作去世。在他的桌子上放着他刚刚回复还没有发送的信件，还有一些正等待出版的书籍。

报纸刊登朱利奥去世的信息

他死前留下了一些规定葬礼的准则——希望使用三等棺材，葬礼越简单越好，就像阿拉伯人死了之后就是裹一匹白布直接埋在地下，不要鲜花，也不要念祈祷文。

他留下的遗嘱还指示,为他举行葬礼时他不想人们穿黑色的衣服。他引用诺埃尔·罗莎(Noel Rosa)的一首歌曲,解释说:

> 黑的衣服是虚荣,　Los vestidos negros son vanidad,
> 那些喜欢花哨打扮,　Para quienes visten de fantasia,
> 我只希望你记住,　　mi luto es la pena y,
> 回忆是无色的。　　　la pena no tiene color.

在遗嘱中,他留下了支持麻风病患者的信息,供在葬礼上宣读,共有 52 万人向他致敬。

为了表彰他的工作,马尔巴·塔罕研究所于 2004 年在克卢什市成立,目的是重新整理出版他的作品,保存并发展他的文化遗产。

2013 年,在他去世 39 年后,受巴西数学教育协会的推动,他的出生之日(5 月 6 日)被定为巴西国庆数学日。那天巴西庆祝数学! 创造塔罕的朱利奥·苏扎教授将永远活着!

5 饿死自己的天才数理逻辑学家
——哥德尔

> 哥德尔在现代逻辑中的成就是非凡的、不朽的——他的不朽甚至超过了纪念碑，他是一个里程碑，是永存的纪念碑。
>
> ——冯·诺伊曼

库尔特·哥德尔（Kurt Gödel，1906—1978）被誉为自亚里士多德以来人类最伟大的逻辑学家，也是《时代周刊》选出的"20世纪百大人物"中唯一的数学家。哥德尔前半生在欧洲度过，二战期间，为了逃避德国纳粹迫害，哥德尔与妻子从维也纳出发，经辗转后到达美国，最后安居于普林斯顿高等研究所。在那里，哥德尔成为爱因斯坦的好友。

哥德尔的童年

哥德尔1906年4月28日生于奥匈帝国的布吕

哥德尔小时候与家人的合影（他有一个兄长）

恩（今捷克的布尔诺），父亲鲁道夫·哥德尔（Rudolf Gödel）是一个纺织厂的经理。哥德尔从小身体就不好，在他 5 岁的时候，大人们发现他行为有点异常，拉去看医生，说是患了焦虑性神经官能症，不过属于轻度。6 岁时患有风湿热，使得他的心脏受损。虽然不久后得以痊愈，但这段经历一直在他心中留存，成为日后影响他一生的心结。出于好奇，哥德尔在 8 岁那年翻阅医学书籍，查到自己曾患的风湿热会导致心脏衰弱。从此，哥德尔便有洁癖，害怕食物的容器不干净，以及担心吃的东西不清洁。

目前发现的与哥德尔相关的最早文字记录是他的小学数学练

哥德尔的小学数学练习本

习本,大约是 1912 年,那时哥德尔 6 岁。有趣的是有道题写错了,算成了"4-1=4",他又擦掉重做。

进入学校后,哥德尔的大脑精力出奇旺盛,一开始他喜欢学语言,拉丁文作业从来都是最高分,后来喜欢上历史,再后来就喜欢上了数学和哲学,十六七岁时即他在高中最后几年,自学大学的数学。

进入维也纳大学

18 岁进入维也纳大学后,哥德尔刚开始打算专攻理论物理,过了 2 年转念数学和逻辑。

青年哥德尔

1929 年,他取得维也纳大学的博士学位,第二年在维也纳大学执教,属于不领薪的讲师。当年维也纳是世界著名的知识圈,一群有名的科学家、哲学家、数学家组成了"维也纳学派"。哥德尔的论文导师哈恩(H. Hahn)是学派的领导人物之一,哈恩老师把他引进石里克(M. Schlick)领导的维也纳学派。石里克组织大家研读罗素(B. Russell)的《数理哲学导论》(*Introduction to Mathematical Philosophy*),哥德尔读完后,决定涉足逻辑。哥德尔还参与研读维特根斯坦(L. Wittgenstein)的《逻辑哲学论》(*Tractatus Logico-Philosophicus*)。其实哥德尔同维也纳学派开启的逻辑实证主义思想格格不入,但他从来不公开批评别人。

哈恩还组织过罗素的《数学原理》(*Principia Mathematica*)

讨论班,但哥德尔没参加,《数学原理》是哥德尔后来自学的。在研读罗素的《数理哲学导论》讨论班第二次聚会结束后,石里克问大家下次谁来讲课,问了两遍,才有人表示愿意,那人是哥德尔。但哥德尔讲课并不那么受欢迎,他讲课同写文章一样,遣词造句非常小心,不理解的人会认为太枯燥了。

北京大学教授洪谦是中国早期受过正统哲学教育的学者,也参加过维也纳学派,见过哥德尔。他回忆道:"哥德尔是个十分奇特的人。我时常在数学讨论课上见到他。后来他也讲课,但是听众寥寥无几。他至多讲过五六次,后来就停止了,因为没人听。我去听过几次。他在每句话之间都要停顿很长时间,并且每个字都要考虑。在小组的讨论会上,他也很少讲话。"

洪谦

但哥德尔其实也有另一面。女数学家陶斯基(O. Taussky)与哥德尔同岁,是在维也纳时的同学,也参加过维也纳学派。她回忆哥德尔"喜欢班上的异性",亲眼见他同一年纪很轻的女生要好,那女生抱怨他"给宠坏了,天天睡懒觉"。

她说:"我理解为什么爱因斯坦爱同他聊。"陶斯基回忆说:"库尔特

陶斯基

对信仰犹太教的人持友好态度。有一次他没头没脑地说道,一个民族连个国家也没有,仅仅靠着信仰,他们居然能生存几千年,好一个奇迹呀!"

打破希尔伯特的梦想

在当时,德国数学大师希尔伯特(D. Hilbert)向全世界数学家发出所谓的形式主义宣言,这个伟大的工作被规划为 3 个步骤:

1) 将所有数学内容形式化,让每一个数学陈述都能用确定而唯一的符号表达出来。

2) 证明数学的完备性,即所有为真的陈述都能够被证明,所有假的命题都能被证伪。然后再证明数学的一致性,即不会由理论内容推导出自相矛盾的陈述。

3) 存在一个通用的方法来证明命题。

他想了一个美好的未来,所有的数学理论全都用一种形式语言来描述,并且这套系统满足如下 4 个性质:

1) 完备性:任意一个符合这个形式系统语法的句子,也就是一个命题,都能被证明或证伪。

2) 一致性:这个系统不会同时推出一个命题和它的否定。

3) 可判定性:如果给定任意定理,可以用算法在有限步数内判定其真伪。

希尔伯特

4）保守性：证明可以不依赖"理想对象"（比如不可数集合）。

而且更重要的是，这 4 个性质还要在这个系统内被证明。这个想法倒是非常美好，但就在希尔伯特退休后一年，即 1931 年，哥德尔的两条不完备性定理直接宣判了希尔伯特计划的死刑。

哥德尔的博士论文《数理逻辑的完备性》（Über die Vollständigkeit des Logikkalküls）证明经典一阶逻辑是完备的，即所有的一阶逻辑的正确性都可以在这系统内被证明，该论文在 1930 年出版。

但他最惊天动地的工作是 1931 年发现的不完备性定理，他证明了罗素和怀特海（A. Whitehead）的数理逻辑系统是不完备的，这时他才 25 岁。

不完备性定理有两条。第一条定理指出：任何一个相容的数学形式化理论，只要强大到足以蕴涵皮亚诺算术公理，就可构造在系统中既不能被证明也不能被证伪的命题。

证明不完备性定理后，哥德尔自己都有点不相信：这证明太漂亮简洁了。他开始查证前人是否做过相关工作。

把第一条定理的证明过程在系统内部形式化后，哥德尔证明了他的第二条定理。该定理指出：任何相容的形式系统不能用于证明它本身的相容性。

这个结果破坏了希尔伯特计划的哲学企图。

希尔伯特提出像实分析那样较为复杂的系统的相容性，可以用较为简单的体系中的手段来证明，最终全部数学的相容性可以归结为基本算术的相容性。但哥德尔的第二条定理证明了基本算术的相容性不能在自身内部证明，因此当然就不能用来证明比它更强的系统的相容性了。在任何一个相容的形式化数学理论中，只要它可以在其中定义自然数的概念，就可以在其中找出一个命题，在该系统中既不能证明它为真，也不能证明它为假。

换句话说：一个包含自然数的系统中，存在着一个问题，在该系统的基础公理下永远也不能证明该问题是对的，同时也永远无法证明该问题是错的。它指出，除了最简单的定理之外，任何一组给出的逻辑系统都不可避免地涉及自我引证(self-referential)，即稍稍复杂点的系统，都会包含既不能被证明也不能被证伪的不确定命题。这就意味着数学上不存在这样一个能够证明或证伪所有命题的统一系统。

罗素、弗雷格(F. Frege)及希尔伯特在这之前都认为任何公理系统的命题都有希望能找到证明其正确或错误的方法，哥德尔的发现打破他们的梦想，说明这是徒劳无功的。

最早认识到哥德尔定理重要性的是冯·诺伊曼。他一直致力证明数学一致性。他告诉古德斯坦(L. Goodstein)他连做了几个梦：第一个梦，他梦见自己得到证明，醒后企图将证明写出，但未果；第二天他又梦见解决了，爬起来发现还是有个缺口。他开玩笑说：还好我第三天没做梦，这是数学的幸事。

与夜总会舞女结婚

哥德尔与妻子

1938 年 9 月 20 日哥德尔与一个夜总会的舞女结婚，这时他 32 岁，舞女名叫尼姆布尔斯基(A. P. Nimbursky)，比哥德尔大 6 岁。他在 21 岁时就喜欢她，但遭父亲反对。父亲认为她社会地位低贱，没有文化，而且以前曾结过婚。

直到哥德尔父亲过世，没有人反对，他才能和心爱的女人结婚。妻子对哥德尔很好，在生活上一直很照顾他。哥德尔的朋友们对她的看法却是"说话尖酸、粗鲁、暴躁"。他们没有小孩，但哥德尔和她感情很好。

爱因斯坦的好朋友

1933 年哥德尔来到美国，并认识爱因斯坦，以后常往返维也纳与美国，数次拜访爱因斯坦。

1938 年奥地利被德国占领，1939 年哥德尔与妻子决定移民到美国，但他们是奥地利公民，刚刚亡国，拿不到美国签证。他们必须乘火车经西伯利亚辗转到中国，然后再乘轮船到美国。1940年，当他们到达美国普林斯顿大学时，由于他们来自被德国占领的奥地利，所以被当作德国人，被美国政府限制在普林斯顿，不能随便行动，甚至外出到纽约看医生也需向美国司法部申请批准。

哥德尔赶快申请他与妻子的美国签证。数学家、经济学家摩根斯顿（O. Morgenstern）和爱因斯坦同是哥德尔入美国籍的证人（那时入籍要证人）。去移民局的路上，哥德尔号称可以证明美国宪法在逻辑上会导致独裁，爱因斯坦和摩根斯顿都建议哥德尔不要在移民官面前提这事，但哥德尔还是提了。好在爱因斯坦吸引了移民官注意力，最终哥德尔顺利成为美国公民。

1942 年哥德尔成为普林斯顿高等研究所的永久成员，研究所成员而不是教授的职位令他感到不快，他怀疑当局认为他"对美国不忠心"。

在普林斯顿时，哥德尔和爱因斯坦成了很好的朋友。后人常将他们比较。他们都在自己的研究范畴有极为重大的贡献，很聪明、有好奇心、直率。但爱因斯坦性格开朗外向，这点和哥德尔大相径庭。后来爱因斯坦的去世对哥德尔的情绪有很大打击。

有一次与爱因斯坦散步时，哥德尔询问"是否研究所认为他的工作不重要"？爱因斯坦安慰他说："研究所的所有成员都知道你的工作的重要性，甚至冯·诺伊曼有一次说'我们怎么能称为教授而你却不是'。你的数学与逻辑正是研究所需要的：抽象思考解开大自然和人类思维的奥秘。"

"冯·诺伊曼与我曾在院会议支持你的提升，但有一些人反对，他们说让你好好做研究，如果成为教授，你就需要花时间参与一些院会议，必须审阅一些新成员的履历，必须考虑来访者的申请，这些都会浪费你的气力和时间。"

哥德尔说："你是一个大人物，有影响力，或者你可以对奥本海默(J. R. Oppenheimer)院长或其他行政当局人员说一声，改变对提升我的看法。"

爱因斯坦还称誉哥德尔是"最了解我的人"。

哥德尔在给母亲的信中说：每天上午10点多，爱因斯坦会到家里与自己碰面，然后花上30分钟走到研究所，下午吃过午饭后再花30分钟一起散步回家。路上两人一起讨论政治、哲学、物理还有数学。

他们的同事、著名物理学家戴森(F. Dyson)说："哥德尔是爱

哥德尔与爱因斯坦散步

中年哥德尔

因斯坦的唯一良配。"他们活像一对谈恋爱的中学小情侣。爱因斯坦对这段关系倒是很坦诚,直接说:"我自己的工作没啥意思,我来上班就是为了能同哥德尔一起散步回家。"

在普林斯顿,哥德尔没有任何约束,可以从事他所喜欢的研究。他逐渐转向哲学而远离数学,也研究时间旅行以及其他的宇宙问题。

尽管哥德尔同爱因斯坦的友情很深,但是他们在哲学、宗教、艺术、政治诸方面的观点都截然不同:爱因斯坦是泛神论者,推崇斯宾诺莎(B. de Spinoza),哥德尔则是有神论者,推崇莱布尼茨(G. W. Leibniz);爱因斯坦喜欢古典音乐和艺术,而哥德尔喜欢现代抽象艺术;1952 年美国总统大选,爱因斯坦选史蒂文森(A. E. Stevenson Ⅱ),哥德尔选艾森豪威尔(D. D. Eisenhower)。所以哥德尔和爱因斯坦的互相推崇可能更多是智力上的,而不是观点上的。哥德尔曾透露他和爱因斯坦的友谊是基于他们之间观点的不同而不是一致。

罗素在普林斯顿访问时,每周都去爱因斯坦家,同爱因斯坦、哥德尔和泡利(W. E. Pauli)讨论。他流露出失望:"他们仨都是流亡的犹太人,也都见多识广,但对形而上学都有德国倾向。哥德尔

哥德尔获得爱因斯坦奖

根本就是个柏拉图主义者。"其实哥德尔不是犹太人。

哥德尔晚年在广义相对论里取得重要成果，并于 1951 年被授予爱因斯坦奖。同年获得耶鲁大学的荣誉博士学位，1952 年获得哈佛大学的荣誉科学博士学位，1955 年当选美国国家科学院院士。

晚年知己王浩

王浩是哥德尔晚年知己，1971 年 7 月至 1972 年 10 月，每两周都到普林斯顿同哥德尔见面，一次 2 小时左右，谈话内容无所不包。王浩晚年有两本书专讲哥德尔，分别是《哥德尔》(*Reflections on Kurt Gödel*) 与《逻辑之旅：从哥德尔到哲学》(*A Logical Journey: From Gödel to Philosophy*)。而更早的《从数学到哲学》(*From Mathematics to Philosophy*) 发表了哥德尔的两封信，透露哥德尔晚年的哲学研究。王浩在 1973 年还短暂地研究过计算机汉字识别(character recognition)。有意思的是哥德尔误解为王浩在研究根据人的外部特征来识别其个性的问题，遂告诉王浩说他对此也很有兴趣。

哥德尔去世时，蒯因（W. V. Quine）的纪念文章说：哥德尔没有提出自己的系统哲学，但我们看得出他是倾向唯心论的，甚至更老派的理性论。他非常推崇理性论者莱布尼茨，预示了数理逻辑的某些东西。哥德尔为希尔普（P. A. Schilpp）编《在世哲学家文库》（*Library of Living Philosophers*）的《爱因斯坦卷》写了一篇短文，文中论辩广义相对论可支持唯心论的观点。

杰出的古代数学史家诺伊格鲍尔（O. Neugebauer）与哥德尔交往了将近 50 年，他将哥德尔描述为一个早熟的青少年，还没到时间就老了。而根据哥德尔的另一个同事蒙哥马利（D. Montgomery）记载，哥德尔像个孩子，总是需要被照顾，虽然他智力惊人，却经常天真得像个孩子，他不谙世事，正常生活依赖那些愿意保护他不受外界伤害的人、愿意容忍他不时的古怪行为的人，以及愿意陪伴他接受生理和心理治疗的人。

晚年哥德尔

哲学界一个有意思的话题是"有影响的哲学家大学本科是什么专业的"。哥德尔刚进入维也纳大学时主修物理，但听了富特文格勒（P. Furtwängler）的数学课后决定转学数学。富特文格勒是数论大家，他是残疾人，上课坐轮椅，由助理写板书。哥德尔受到很大影响，富老的课确实好，而且哥德尔可能因为自己身体不好，所以更加有共鸣。

哥德尔一生饱受精神疾病的折磨，几次有过自杀倾向。两位老友的死讯对他打击巨大：得知爱因斯坦病逝后，他自己病了两个月；得知摩根斯顿死讯时，他有很长时间说不出话。摩根斯顿临

《逻辑人生——哥德尔传》封面

死时认为哥德尔得了严重的妄想症。

哥德尔晚年不相信别人做的饭菜，总觉得有人要下毒害自己，他只吃妻子做的东西，而且每一次都要妻子先试吃。但后来太太也病倒了，没法照顾他，他只能吃些很简单的食物。一次王浩去看他，带了些自己太太做的鸡肉，王浩事先通知了哥德尔。但当王浩到了以后，哥德尔却怀疑地看着他，拒绝开门。王浩只得把鸡肉放在门口台阶上离去，也不知哥德尔吃没吃。哥德尔逝世前一个月，王浩到他家去看他，他的头脑依然敏捷，看不出身体患有大病。哥德尔对王浩说："我已经失去做肯定判断的能力了，我只能做否定判断。"临死前3天，王浩打电话给住院的哥德尔，哥德尔彬彬有礼，但语气淡漠。此时的哥德尔妄想症很严重，并且绝食。王浩是唯一亲近他的人。

1978年1月14日，哥德尔病逝。死亡证明说：死于人格紊乱造成的营养不良和食物不足。体重只有不到30千克，他把一切都留给妻子。1月19日，哥德尔妻子、摩根斯顿妻子以及几个家庭好友和王浩参加了哥德尔的私人葬礼。3月，普林斯顿高等研究所举办追悼会，王浩和科亨（S. Kochen）发言，科亨把哥德尔同爱因斯坦和卡夫卡（F. Kafka）相比。

为纪念哥德尔等人的伟大贡献，联合国教科文组织、国际哲学与人文科学理事会联合宣布设立"世界逻辑日"，即每年的1月14日——哥德尔的逝世日，意在提醒跨学科科学界和广大公众关注逻辑的思想史、概念意义和实际影响。

6 寻找水仙花数

孩子，如果一个数学系统的理论定义的公理
有些变化，新的系统可能就会由于量变而产生质
变，或许会增加许多多姿多彩的结果。因此你不
要拘泥于一方王国，要常试试移动脚步，往不同
的方向探索。

——老爷爷对小王子的忠告

春天来临了，老爷爷屋前的花圃开了白色和黄色

五片花瓣的水仙花

的水仙花。老爷爷用小剪刀剪下这些花，插在长颈花瓶里，拿进书房。

看那五片花瓣的水仙花真是赏心悦目。

小王子跟随老爷爷走进书房。

"老爷爷，今天您要讲什么好玩的数学？"

"我想介绍一种数学游戏，它和许多现代的科学系统理论有关联。等你长大后，从事自动化科学研究时就会再遇到它。"

"会不会很复杂？"小王子不喜欢复杂的理论。

"它的概念并不复杂。简单地说，这是一个非空集合 S，以及 $f: S \to S$ 一个映射的系统。我用 $\langle S, f \rangle$ 来表示。

首先举几个你熟悉的例子：

[例1]　正整数 N^*，$f_0: x \to x+1$。$\langle N^*, f_0 \rangle$ 可以表示为

$$1 \to 2 \to 3 \to 4 \to 5 \to \cdots$$

[例2]　正整数 N^*，$f_1: x \to 2x$。$\langle N^*, f_1 \rangle$ 可以表示成

$$1 \to 2 \to 4 \to 8 \to 16 \to \cdots$$
$$3 \to 6 \to 12 \to 24 \to 48 \to \cdots$$
$$5 \to 10 \to 20 \to 40 \to 80 \to \cdots$$
$$7 \to 14 \to 28 \to 56 \to 112 \to \cdots$$
$$\vdots \qquad \vdots \qquad \vdots$$

这系统的 f 是指元素在一个固定规则下的变化。

另外我们来看下面这个例子：

[例3]　$D_1 = \{0, 1, 2, 3, 4, 5, 6, 7, 8, 9, 10\}$，在 $D_1 \to D_1$ 上定义 $g_1(x) = \left[\dfrac{x^2}{10}\right]$。

孩子，你看有两个数具有性质 $g_1(x) = x$，一个是 0，另外一个是 10。我们说它们是 $\langle D_1, g_1 \rangle$ 的不动点。数学家通常称 $\langle S, f \rangle$ 里的点 $f(x) = x$ 为不动点。不动点集合用 fix(S) 来

表示。"

"老爷爷,fix(N*, f_0) $= \varnothing$,同样 fix(N*, f_1) $= \varnothing$。"

"是的,你的观察正确。我现在要告诉你一种系统和水仙花有关系。你知道水仙花被称为 narcissus 的原因吗?"

"不知道。"

"在 2 000 年前的古希腊,有一个关于河神与水泽神的儿子那耳喀索斯(Narcissus)的神话。

那耳喀索斯长得很健壮,而且容貌俊美,是一个很厉害的猎人。许多姑娘都爱恋他。可是他却从没有看过她们一眼。

有一个名叫艾柯(Echo)的女神钟情于他,在他打猎时尾随他,可是却得不到他的任何垂顾,最后忧郁而死。死后她化身为'回声',只要在山谷间叫喊,就有回声响应。

宙斯因为那耳喀索斯导致艾柯死亡而动怒,使他染上一种怪恋。当那耳喀索斯在水潭边看到自己的倒影,竟然爱上了水中的自己。最后他自杀了,变成了水仙花。孩子,我这里有 4 张画家根据这则神话画的图画,送给你,你可以放在你的图书馆里。"

小王子接过老爷爷的画,说:"谢谢。这个神话是真的吗? 真的有只爱自己的人吗?"

老爷爷笑了:"这世上什么样的人都有。的确有许多人属于顾影自怜的类型,整天就想照镜子看自己的容貌,这是心理学上的'自恋狂'。可是也有相反的人,不喜欢照镜子,不想看自己容貌。英国大数学家哈代(G. Hardy)就是一个例子。他家里没有镜子,而当他外出入住旅馆时,会叫仆人把房间里的镜子用布覆盖,尽管他很帅。"

"真是奇怪的人! 请您告诉我与水仙花有关系的数学。"

"我们把'自恋'的数称为水仙花数。通俗地说,就是一个 n 位数,满足它的每一位数字的 n 次方之和等于该数。

关于那耳喀索斯自恋的油画

先讲 1 位数的自然数集合 $D_1=\{0,1,2,3,4,5,6,7,8,9\}$，$\eta_1:D_1\to D_1$ 为 $\eta_1(x)=x^1$。水仙花数有：$0,1,2,3,4,5,6,7,8,9$。

2 位数的自然数集合 $D_2=\{10,11,\cdots,99\}$，$\eta_2:D_2\to D_2$，为 $\eta_2(\overline{a_1a_2})=a_1^2+a_2^2$。

3 位数的自然数集合 $D_3=\{100,101,\cdots,999\}$，$\eta_3:D_3\to D_3$，为 $\eta_3(\overline{a_1a_2a_3})=a_1^3+a_2^3+a_3^3$。

以此类推。"

"很明显的 $\mathrm{fix}(D_1,\eta_1)=\{0,1,2,3,4,5,6,7,8,9\}$，老爷爷，我不知道 $\mathrm{fix}(D_2,\eta_2)$ 是什么？"

"我们可以试着寻找，你看如果有 $\eta_2(\overline{a_1a_2})=\overline{a_1a_2}$，应该就有等式

$$10a_1+a_2=a_1^2+a_2^2$$
$$\Rightarrow 10a_1-a_1^2=a_2^2-a_2$$
$$\Rightarrow a_1(10-a_1)=a_2(a_2-1)$$

a_2 应该大于或等于 2。

设 $a_2=2$，则 $a_1(10-a_1)=2$，明显没有 $a_1\in\{1,2,3,4,5,6,7,8,9\}$ 满足。

设 $a_2=3$，则 $a_1(10-a_1)=6$，同样没有 $a_1\in\{1,2,3,4,5,6,7,8,9\}$ 满足。

设 $a_2=4$，$a_1(10-a_1)=12$，展开得到

$$10a_1-a_1^2=12$$
$$a_1^2-10a_1+12=0$$

这是一元二次方程，判别式

$$\Delta=\sqrt{b^2-4ac}=\sqrt{100-48}=\sqrt{52}$$

可以算得 a_1 没有整数解。

设 $a_2 = 5$，则 $a_1(10-a_1) = 20$，展开得到

$$10a_1 - a_1^2 = 20$$

$$a_1^2 - 10a_1 + 20 = 0$$

$$\Delta = \sqrt{100-80} = \sqrt{20}$$

a_1 没有整数解。

$a_2 = 6, 7, 8, 9$ 时，$\Delta < 0$，a_1 都没有整数解。

所以在 2 位数中，没有水仙花数。

在 3 位数中，有水仙花数（计算量较大，过程略）：

$$1^3 + 5^3 + 3^3 = 1 + 125 + 27 = 153$$

$$3^3 + 7^3 + 0^3 = 27 + 343 + 0 = 370$$

$$3^3 + 7^3 + 1^3 = 27 + 343 + 1 = 371$$

$$4^3 + 0^3 + 7^3 = 64 + 0 + 343 = 407$$

在 4 位数中，我们有水仙花数：

$$1^4 + 6^4 + 3^4 + 4^4 = 1\,634$$

$$8^4 + 2^4 + 0^4 + 8^4 = 8\,208$$

$$9^4 + 4^4 + 7^4 + 4^4 = 9\,474$$

在 5 位数中，我们有水仙花数：

$$5^5 + 4^5 + 7^5 + 4^5 + 8^5 = 54\,748$$

在 6 位数中，我们有水仙花数：

$$5^6 + 4^6 + 8^6 + 8^6 + 3^6 + 4^6 = 548\,834"$$

"老爷爷，水仙花数是有限个的吗？"

"令人惊讶的是有限的，十进制自然数中的水仙花数共有 88 个。要了解为什么会这样，可以考虑以下问题：

在 3 位数中，我们可以选择的最大数是 999。这将给出数 $9^3 +$

$9^3 + 9^3$（或 3×9^3），3 位水仙花数在 100 和 3×9^3 的范围之内。对于 n 位数，可以达到的最大数是 $n \times 9^n$，如果我们不能在 10^{n-1} 和 $n \times 9^n$ 范围内找到一个满足要求的数，那么就没有 n 位水仙花数。

如果我们能证明不等式 $n \times 9^n > 10^{n-1}$ 只对于某些 n 来说成立，那么水仙花数的个数就会有上限。让我们看看能否找到等式 $n \times 9^n = 10^{n-1}$ 的根，并通过绘图，看看是否可以说服自己。

首先，两边取底数为 10 的对数：

$$\lg(n \times 9^n) = n - 1$$
$$\lg n + n \times \lg 9 = n - 1$$
$$n \times (\lg 9 - 1) + \lg n + 1 = 0$$

接下来，我们设 $\lg n = u$，即 $10^u = n$。 这给出了：

$$10^u(\lg 9 - 1) + u + 1 = 0$$

现在我们可以清楚地看到，随着 u 的增长，10^u 将远远大于 $u + 1$，所以任何根 u 必须是小的。

当 $u = 1$ 时，我们会得到一个正数（因为 $\lg 9 - 1$ 是一个接近 0 的负数），

但当 $u = 2$ 时，我们会得到一个负数。因此，我们有一个介于 1 和 2 之间的根 u。

鉴于我们做了替换 $\lg n = u$，因此根 n 在 10 和 100 之间。

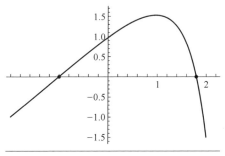

$10^u(\lg 9 - 1) + u + 1 = 0$ 的根

　　使用计算软件制图可以看到，当 $u \approx 1.784$，即当 n 约 60.8 时，$n \times 9^n = 10^{n-1}$。

　　因此，我们可以看到，当超过 60 位数字，就不再可能有水仙花数。事实证明，在 10 进制中只有 88 个水仙花数，其中最大的有 39 位：

　　　115 132 219 018 763 992 565 095 597 973 971 522 401"

　　"老爷爷，我不想局限于这一个知识，还有什么问题可以研究?"

　　"你可以试试证明在 p 进制中水仙花数都是有限的。"

　　"好的，谢谢老爷爷。我要是有什么发现会报告您。"

7 超过三分之二的人生都在和疾病奋战中度过的李天岩

> 在混沌领域里,我仅知道一条有严格证明的
> 定理,1975 年由李天岩和约克在他们题为《周期
> 三意味着混沌》的短文中证明的李-约克定理,是
> 数学文献中不朽的珍品之一。
>
> ——戴森(F. Dyson)

> 我没爬过最高的山,但我攀越人生的险山峻岭。
> 我没游过最深的海,但我游过人生的恶水激流。
>
> ——李天岩

2020 年 6 月 25 日,旅美华人数学家李天岩
(Tien-Yien Li)博士安详离世,享年 75 岁。李天岩祖
籍湖南,1945 年 6 月出生于福建沙县。父亲李鼎勋早
年留学日本,在东京帝国大学医学院获得医学博士学
位。1934 年回国,任教于湖南湘雅医学院。1939 年
起任福建省省立医院院长。李天岩 3 岁时全家迁居
台湾,在那里接受教育直至大学毕业。

1968 年,李天岩获得新竹清华大学在重建后的第一届数学系学士学位,并在服完一年兵役后来到美国马里兰大学追求他的挚爱——数学。李天岩于 1974 年在约克(J. Yorke)教授的指导下获得博士学位,并于 1975 年与约克一起在开创性的文章《周期三意味着混沌》(Period three implies chaos)中创造了"混沌"一词。

李天岩从 1976 年起开始任教于密歇根州立大学,并在 1983 年晋升为正教授,1998 年被任命为密歇根州立大学杰出教授。李天岩在 2018 年正式退休,并荣获荣誉杰出教授头衔。

四个重要成就

尽管在研究的生涯中,李天岩曾罹患许多疾病,但他一直对于数学研究怀有高度的热忱,并在应用数学与计算数学的几个重要领域成为学术上的开拓者。他的成就非凡,最著名的有下述 4 个重要的贡献。

1）混沌

李天岩与约克的文章《周期三意味着混沌》——根据谷歌学术

提出"混沌"概念的李天岩

检索,已被引用4 800多次。此文章也是第一次在数学领域中将"混沌"的概念正式定义出来,并在2008年戴森应邀为爱因斯坦讲座所起草的一篇演讲稿《鸟和青蛙》(Birds and Frogs)中被誉为"数学文献中不朽的珍品之一"。

2) 乌拉姆猜想

李天岩对乌拉姆猜想的证明是计算混沌动力系统不变测度的另一项开创性工作,并为计算遍历理论奠定了基础。李天岩起初并不知道乌拉姆(S. M. Ulam)的工作。1973年,波兰数学家拉索塔(A. Lasota)与约克在现已成为研究弗罗贝尼乌斯-佩隆算子不变密度函数存在性问题的一篇经典论文中,解决了乌拉姆在其《数学问题集》(A Collection of Mathematical Problems)中提出的一个问题。利用这个结果,以及其他一些定理,李天岩完成了开创性工作。有意思的是,在整理成文之际,李天岩才知道他所构造的方法就是"乌拉姆方法",他所证明的一切就是对乌拉姆猜想的一个解答!

李天岩的这篇论文发表于1976年美国《逼近论杂志》(Journal of Approximation Theory),题为《弗罗贝尼乌斯-佩隆算子的有限逼近——乌拉姆猜想的一个解答》(Finite Approximation for the Frobenius-Perron Operator, a Solution to Ulam's Conjecture),现已成为经典文献。

多年后李天岩对他的学生丁玖坦言:"如果我早知这是与冯·诺伊曼齐名的大人物乌拉姆提出的问题,大概吓得不敢去碰。"所以说,一个问题,大人物解决不了,并不表示小人物也解决不了。

3) 同伦延拓法

李天岩、凯洛格(R. B. Kellogg)和约克一起提出了第一个基于微分拓扑的数值方法来计算布劳威尔不动点,为现代同伦延拓方法的研究开辟了一个新时代。

数学中著名的布劳威尔不动点定理说的是: n 维闭球到自身

的光滑映射必有不动点。但这是一个存在性命题，并没有告诉我们怎样具体找到不动点。1963年，美国微分拓扑学家赫希（M. W. Hirsch）发表了一篇文章，用反证法证明了布劳威尔不动点定理。李天岩受到这一证法的启发，发现可以把不动点具体计算出来，一个全新的布劳威尔不动点算法诞生了。

虽然单纯不动点算法的研究目前已经不属热门，但以凯洛格-李-约克方法为"初始点"的现代同伦延拓法研究依然方兴未艾，在不同的领域生根发芽。李天岩与凯洛格及约克一道是目前世界上被公认为非线性方程现代同伦法数值计算的创始人，并做出了巨大贡献。2003年，李天岩发表了长篇综述性论文《求解多项式方程组的同伦延拓法》。在多项式方程组数值解领域，他无愧于领军人之一的称号。

4）代数特征值问题和多元多项式系统

李天岩与其合作者也对代数特征值问题和多元多项式系统进行了广泛且深入的研究，对于数值代数中常见的矩阵特征值问题，发展了用于实对称矩阵、一般实矩阵及大型稀疏矩阵特征值计算的同伦算法，对于一般的亏损多项式系统开发出随机乘

李天岩与父母及兄弟姐妹

积同伦法和 cheater 同伦法，也对多面体同伦中的混合体积计算提出了高效的计算方法，这使得他获得该领域世界领导者之一的美誉。

李天岩在学术生涯中获得无数荣誉和奖项，其中包括著名的古根海姆奖（1995）、密歇根州立大学杰出教授奖（1996）和弗雷姆（Frame）杰出教学奖、密歇根州立大学自然科学学院杰出学术顾问奖（2006）。李天岩一生中指导过 26 位博士生。他因材施教，针对不同的学生给予

李天岩教授与母亲

不同的挑战，为动力系统与数值分析领域做出了卓越贡献。他择善固执，对于数学研究怀揣挑战困难的勇气和决心。他的学术精神对同事和后辈产生深远影响，并且这些影响将持续陶染下去。

2005 年在新竹清华大学庆祝李天岩教授 60 岁华诞学术研讨会

李天岩教授70岁生日研讨会上，与导师约克教授手握"混沌"牌葡萄酒

庆祝李天岩教授70寿诞

与病痛作顽强搏斗

不幸的是，李天岩的身体长期不太好，学术上的成功是他花了

比别人更多的代价取得的。李天岩的学生丁玖教授回忆了李天岩与病魔的斗争：

他45年来在学术界的卓越贡献，是在与身体上几乎无时无刻不遭受的病痛作顽强搏斗中取得的。

李天岩在新竹清华大学读本科时，绰号是"棍子"，除了学业成绩名列前茅外，在体育运动上也是一流的，曾任校篮球队队长和校足球队队员。但当他1969年赴美国马里兰大学攻读博士学位的第2年开始，就感到肾脏逐渐不好，但他依然异常用功，至1974年完成了8篇学术论文并取得博士学位。毕业后仅仅6个星期，发现血压竟高达220/160毫米汞柱。他于1976年5月4日起开始了长达5年半辛苦的洗肾过程，每周3次，每次5个小时，还不包括往返时间。当时他的研究工作大半是在病榻上完成的。

1980年1月29日，李天岩首次接受换肾手术，然而因排斥反应，不久以失败告终。1981年7月15日他成功地接受了妹妹的一个肾脏移植，在这之后的3年内，他的身体逐渐适应，康复不少。然而好景不长，1984年2月21日，他又遭遇中风，右半身全部麻痹，并于4月26日做了脑血管动脉瘤的大手术。在之后的七八年，他的身体还算平静，虽无大手术，但局部麻醉的小手术却仍然不断。然而，李天岩趁此机会抓紧时机，在此数年内发展了同伦延拓求解矩阵特征值问题和多项式方程组的重要理论及方法，并培养了一批从大陆直接招来的博士研究生。除此之外，在此期间他除了几乎每年回台湾给予重要的系列演讲，更于1985年6月至7月首度访问了大陆十余所大学与中国科学院，给出了若干关于混沌动力系统、同伦算法等专题演讲，并开始挑选接收大陆研究生，对于将数学根植于国内及提携后进不遗余力。

1993年1月，李天岩在密歇根州立大学教书时，身体突然感到不适而昏倒送医，经医生诊断为脑动脉血管阻塞。其后，他以极其坚韧的毅力与无比的信念战胜了疾病。然而，从1992年起他就开始感到腿痛，看遍了无数的中医西医，都没有办法找出病因。后来才知道是脊柱关节炎所引起的，最后终于在 1995 年 5 月 30 日动了一次大手术将发炎的部位割掉。在之后的五六年间，他的身体状况基本平静。然而 2000 年 5 月，他又做了一次脊柱的手术。3 年后，他再次病倒，医生运用刚刚问世不久的最新医疗技术为他的心脏动脉血管安装了 8 个支架。后来的许多年他一直勤于运动保养身体，每天要游泳 1 000 米或步行 3 000 多米，身体状况比以前明显好转许多。但由于他全身是病，遍体鳞伤，一不小心，伤病便会"卷土重来"。例子之一是 2010 年 6 月他在杭州开会期间，晚间在西湖边意外跌倒，血流如注，在急诊室缝了 8 针。几天后，他虽然绷带在身，却仍然如约去了东北大学讲学。

在过去的几十年中，李天岩长期遭受疾病带来的巨大痛苦，全身麻醉的大手术已有十几次，局部麻醉手术则不计其数，全身都是开刀的伤痕。然而他是一个在逆境中求突破，"与病斗其乐无穷"的人，凭借着一股坚强的毅力及终极的信念去克服一切困难，在最艰难的环境下做出了第一流的研究工作。他常对他的研究生们

从左至右：约克，李天岩，丁玖（摄于 2015 年李天岩教授 70 周岁时）

说，若他们在学习、研究中遇到困难，只要想到他是怎样克服病痛的巨大困难，一切困难就容易迎刃而解了。正是因为这种超人的精神，尽管一直病痛缠身，李天岩仍然成为密歇根州立大学仅有的3位获得国家科学基金会几十年无间断资助的学者之一。

回首来时路——李天岩自述

下面，让我们读一读李天岩的一篇自述（发表于《数学传播》31卷4期）。

当初第一志愿考进数学系，当然号称是因为对数学感兴趣。其实中学时代对数学的所谓兴趣多半也只是建立在钻研和解决数学难题时所得到的"快感"上吧。没想到一进了大学，差点就被初等微积分里那些莫名其妙的$\varepsilon-\delta$给逼疯了。记得那时同寝室的另三位室友都是大一数学系的新生。那时我们多在晚间11点左右就熄灯就寝。但是常常在半夜一二点钟时，发现大家都被那些鬼$\varepsilon-\delta$的抽象概念搞得睡不着觉。

记得我隔壁书桌的一位同学常常在打草稿写"遗书"，"遗书"的内容基本上是说：什么都搞不懂，不知怎么办好，不想活下去……

后来到了美国以后才知道，我们都不是天字第一号的笨蛋。好比说，在我目前任教的密西根州立大学，系里根本禁止在一二年级初等微积分的课程里灌输学生所谓$\varepsilon-\delta$的抽象概念。其实在牛顿、莱布尼茨发明微积分时，"逼近""渐近""无穷小"的概念并没有非常严格的定义。也只有到19世纪的中期，数学界的顶尖高手才开始对所有数学概念要求严格地定义。

比如说，请告诉我到底什么是"1"？什么是"2"？什么是"1＋1＝2"？（同样，到底什么是"＋"？）若在初等微积分入门那个阶段就要用 $\varepsilon-\delta$ 去严格刻画"逼近""渐近"的抽象概念，就好像在小学生学基本算术加乘法之前，要求他们先严格定义什么是"1"、什么是"2"……什么的。果真如此，少年维特对数学的烦恼肯定提前发生了，不是吗？

中学时代对数学难题的钻研根本上和数学概念上的所谓直觉没啥关系，因此大家都好像严重忽略在引入抽象概念之前，先介绍直觉的想法的重要性。我也是到美国以后才知道，数学上的逻辑推理和对数学结构性的认知有相当大的差距。

记得上次在南京时，与一南京大学数学系的年轻教授午餐，这位教授那时并没有放过"洋"，他听说东方学生到美国念研究所一二年级时成绩多半杰出，可是过了选课期到研究做论文的阶段就逐渐落后"老美"了，不知是真是假？其实这位教授所听说的大致正确。一般较用功的东方学生，在国内受教育时大都下很大的功夫在记忆数学上的逻辑推论：这一步为什么意味着下一步，下一步为什么。

可是美国学生所不同的是，在他们早期的数学教育里却已很普遍地在问：这是什么意思？以及这为什么有效？这些问题在考笔试时几乎不太可能遇到，但在做研究时却是非常非常重要。

我有一个台湾来的博士生。有一次我请他把我在专题讨论班里讲过的一篇很重要、很复杂的文章用他自己的数学语言仔细写出来。从他后来交来的报告里，可以看出他的确下了很大的功夫把文章中被省略的逻辑细节严密地补足了。我把他的报告改了改还给他。然后他又交了来，我又改了改再还给他。他再交来时，我请他告诉我，这篇文章到底在干什么？没想到他却一个字都答不上来。其实在一般的数学研究论文里，我们最常见的是作者用些莫名其妙的定义推些最一般性的定理。我们若只是非常用力地去了解它的逻辑推理，而轻易忽略去搞清楚作者脑袋瓜里到底在想些什么，那么我们对文章的了解的确非常有限，很难由此做出杰出的工作。非常遗憾的是，极多数重要论文的作者都不会轻易把他们脑袋瓜子里真正的要点用力写出来。你必须自己去问这些问题，自己去追求它的答案。下一步，下一步为什么意味着再下一步……然后把所有习题都拿来钻一钻。在这种情况下，一般的笔试是很难考倒这些学生的。

可是今天把那些教科书拿出来翻一翻，实在很难想象当初是怎么混过来的。好比说，阿尔福斯（L. V. Ahlfors）的那本书水平不低。它绝不适合做初学复变数函数论的教科书。记得我们大二在学高等微积分时，教授根本就跳过了线积分〔现在想来，大概根本的原因还在于阿波斯托尔（T. M. Apostol）那书过于"高深"，教授无法教完书里大部分的材料〕。可是阿尔福斯的书基本上是假定阁下已清楚地掌握了所谓的"复数面上的线积分"。若是对"复数面上的线积分"都不甚理解，我很难想象当时怎么去理解"柯西积分""罗朗展开"等基本的概念，那时的老师们好像一般来说都觉得，能用愈深的教科书（其实每本书都号称是完备的）学生自然就会变得较"高档次"吧！其实抽象数学的出发点多半起始于对实际问题所建立的数学模式。然后将解决问题的方式建立理论，再抽象化，希望能覆盖更一般性的同类问题。因此在学习较高深的抽象数学理论之前，多多少少要对最原始的出发点和工具有些基本的认识。要不然，若是一开始就搞些莫名其妙的抽象定义，推些莫名其妙的抽象定理，学生根本无法知道到底是在干些什么。可是为了考试过关，只好跟着背定义、背定理、背逻辑，一团"混战"。对基础数学实质上的认识真是微乎其微。我们那时的学习环境大致如此。所以我那时档案里的纪录虽然极为优秀，但是如今回想起来，当时实在是"一窍不通"。背定理、背逻辑最多只能应付考试。毕业服完兵役以后，绝大多数以前所学当然都忘了。老实说，在出国前，我真想放弃学数学，不干算了。后来在美遇到了导师约克教授。从他那里，我才慢慢对学数学和数学研究开始有了些初步的认识。这些认识大大助长了我以后学习数学的视野和方式。最重要的是，学习"高档次"的数学理论，绝对必须从对"低档次"的数学的理解出发。

我自己常常觉得老天在我数学的生涯上实在是给了我太大的幸运。记得那年在凯洛格教授所开非线性数值分析的课堂上听到他所讲关于赫希用微分拓扑的反证法证明"固定点"（即不动点）的存在定理。其实我觉得只要把赫希的证明稍稍做些变动（这个变动大概不超过原来证明的 1‰ 吧！），就可以轻易地把他的反证法（"……若'固定点'不存在，则天下会大乱……"什么的）变成一个找这些固定点的实际方法。后来和导师约克教授提起了我的看法。记得那时摆在我面前的研究课题有好几个，没想到约克教授却坚持要我全力以赴地去实践这个算法的构想。老实说，那时我心里最不想做的就是这一个问题。首先，我那时根本不懂计算（连基本的 Fortran 语言都不会）。另外，我们那时并没什么工作站，个人电脑什么的，所有计算程序都必须打在卡片上（一行一张卡），然后把它们送去计算机中心，他们用学校仅有的二台机器替你跑程序，剩下来的就看你的运气了，有时 20 分钟之后就有结果。有时要等二三小时甚至更长。还有一个不想做这个题目的理由：那时总以为数学研究总是要证些定理什么的，搞些 $\varepsilon - \delta$ 的玩意儿，我对算布劳威尔固定点的构想即使可以顺利运作，好像也无法挤出些"定理"来。不管怎样，在我们那个年代，好像老师叫你做什么，你照着做就是了。虽然我自己心中极不热衷这个题目，但是从里到外都毫不充满着排斥的意识。

记得我是在 1974 年的 1 月中开始着手这个问题。关于写程序，甚至打卡都只好一面做一面学。几乎每天在清晨 6 点半就送卡片去计算机中心，然后是等结果、改程序、等结果、改程序……常常弄到半夜 12 点多。每次等到的结果都因程序或算法的错误，基本上拿到的都是一大叠的废纸。后来，去计算机中心拿（或等）一叠废纸好像已经变得习以为常了。记得是在 3 月 15 日那天早上，我到计算机中心所拿到的结果却只有薄薄的几页。起先心中只是大为疑惑：今天是怎么回事？没想到打开一看，居然算出"固定点"来了！

说实在的，我那时心中并没有很大的成就感。这就好像老师要我去扫厕所，我终于把厕所打扫干净了，如是而已。没想到，大约在一个月以后，约克教授在 AMS（美国数学学会）的布告上看到一个将在当年 6 月 26—28 日在南卡罗来纳州的克莱姆森大学举行的一个"计算不动点及其应用国际会议"的消息。

完全出乎我们意料之外的是，从 1967 年开始就有一大群人在研究布劳威尔固定点的算法。这些人多半是出自名校经济系、商学院、作业研究、工业工程等系所的教授，因为许多经济学上的模式的"均衡点"都可以用布劳威尔固定点的方式来表达，因此布劳威尔固定点的运算变成了实际应用上的一个重要工具。这个会议显然邀请了那个门派所有的"大佬""天王"们去做报告。约克教授在知道这个会的信息之后，立刻打了个电话给这个会议的主办人卡拉马尔迪昂（S. Karamardian），告诉他我们有一个新的算法。当时卡拉马尔迪昂也只是半信半疑地勉强答应提供我们二张来回克莱姆森大学的机票。后来我和凯洛格教授一起去参加了那个会议。我们在那里"一鸣惊人"。后来耶鲁大学经济系的讲座教授斯卡夫（H. Scarf，他是当初在1967年，头一个提出布劳威尔固定点算法的"开山祖师爷"）在会议论文集的引言里说："对我们中的许多人来说，克莱姆森会议的最大惊喜之一是凯洛格、李和约克的论文，该论文提出了首个利用微分拓扑考虑寻找连续映射的不动点的计算方法，而不是我们习惯的组合技术。在本文中，作者展示了如何使用赫希的论点来定义从几乎任何预先指定的单纯形边界点到映射的固定点的路径……"

附带一提的是，我们算法中所引用的微分拓扑概念，后来在解非线性问题数值计算的同伦算法上起了"革命性"的作用。

前一阵子，我在美国一个期刊上读到一篇成功企业家在退休后所写的感言。其中让我一直无法忘却的一句话是："……必须做好幸运的准备！"

回想当初我在挣扎固定点的运算时，实在有的是借口可以像我曾接触过的一些学生似的总是在拖沓闪躲，拒绝干活，骗自己……果真如此，这个天上掉下来的"万年火龟"不是轻易擦身而过了吗？

有一次和约克教授聊起关于智商的事。一般来说，他并不太看重智商的高低。记得那时他说，"……根据定义，加州大学伯克利分校的人智商很高。但是，你简直无法相信他们正在研究什么样的愚蠢问题。我们会以他们的智商为20分来选择正确的问题……"这些话显然是略为"邪门"，但是这些年来，每次遇到该选什么研究题目时，总是想起他这些话。回想当初若给我一个选择，我绝不会拼了老命去算布劳威尔固定点。那时心里真正想搞的倒是在那时偏微分方程领域里相当时髦的单调算子。那时有许多很大牌的人物［像是哈特曼

(Hartman)、因帕基亚(Impacchia)、明蒂(Minty)、利翁(J. L. Lions)等]都在搞那一套。可是现在看来,那个时期在单调算子领域的工作,简直没有一个里程碑性的成果能够保留到今天。

这些年来,我个人曾直接接触过些数学界的顶尖高手。但是若谈到对判断题目意义的本领,我的导师约克教授在这方面的功力的确深厚,绝不输那些"顶尖高手"——这也许是我自己最大的幸运吧!

我从清华毕业已将近 40 年了。有时常常想,若是重新再给我一次学习的机会,我将怎么做,怎么做……什么的,但是,

"没有人能使

时光倒流,

草原再绿,

花卉再放。

只有在剩余部分,争取力量!"

[录自中学时代看过的一场由华伦·比提(Warren Beatty)和娜妲丽·伍德(Natalie Wood)领衔主演的电影《天涯何处无芳草》。]

所以,重新再给我一次机会的事只是幻想。我希望我的经历能在诸位长远的数学研究、学习甚至教学上贡献一点什么。

附:李天岩教育背景与工作经历

1968 年为新竹清华大学数学系 68 级第一届毕业生。

在按规定服役军队 1 年后,1969 年赴马里兰大学数学系

攻读。

1974 年获博士学位，其论文指导老师为约克。

1974 年至 1976 年在犹他大学数学系任讲师。

1976 年起在密歇根州立大学数学系任教，其中 1976 年至 1979 年为助理教授，1979 年至 1983 年为副教授，1983 年起为正教授。

1978 年至 1979 年应邀至威斯康星大学数学研究中心担任客座副教授。

1985 年 6 月在中山大学。

1987 年至 1988 年为京都大学数理解析研究所访问教授。

分别于 1987 年和 1991 年成为吉林大学和清华大学的客座教授。

1997 年夏在清华大学高等理论科学研究中心任高级研究员。

1998 年被任命为密歇根州立大学讲座教授。

1998 年秋季任加州大学伯克利分校的国家数学研究所访问教授。

2000 年秋季为香港城市大学数学系访问教授。

8 提出"人是一根能思想的芦苇"的数学家、物理学家和哲学家

——帕斯卡

人只不过是一根芦苇,是自然界最脆弱的东西,但他是一根能思想的芦苇。用不着整个宇宙都拿起武器来反对它,一口气、一滴水,就足以致他死命。然而纵使宇宙毁灭了他,人却仍然要比致他死命的东西高贵得多,因为他知道自己要灭亡,以及宇宙对他所具有的优势;而宇宙对此却是一无所知。

——帕斯卡

研究真理可以有三个目的:当我们探索时,就要发现到真理;当我们找到时,就要证明真理;当我们审查时,就要把它同谬误区别开来。

——帕斯卡

别把劳动认为只是耕耘原野以收获物质,它是能同时开拓我们心灵原野的尊贵锄头。无论如何,我们可以借劳动加强我们的心身,除尽蔓

延在我们心田的各种邪恶野草。然后，把幸福和喜悦的种子撒在此地，四季茂盛，以致开花。

——帕斯卡

短暂非凡的一生

布莱兹·帕斯卡(Blaise Pascal，1623—1662)，17世纪法国著名数学家、物理学家、哲学家、文学家和神学家，也是计算机科学的先驱。1623年出生于克莱蒙费朗。母亲于1626年去世，1631年全家搬到巴黎。帕斯卡从小学习优异，善于思考，特别爱好数学和物理，人称其为神童。帕斯卡的父亲艾蒂安·帕斯卡(Étienne Pascal)是克莱蒙费朗税务法庭的主审法官，也是一位有名的数学家。艾蒂安拿出业余时间致力于孩子的教育。

帕斯卡于克莱蒙费朗

帕斯卡

帕斯卡对数学的兴趣始于他的好奇心。有一次他问父亲："什么是几何？"父亲回答说："几何就是教人在画图时又能作出正确而美观的图。"帕斯卡接纳了这一说法,据他姐姐吉尔伯特的说法,帕斯卡自己"发现"了几何学。12 岁时,他在游戏室的地板上画几何图形,据说发现了一个事实,即三角形的内角和就是两直角和(欧几里得《几何原本》第一卷命题 32)。就在这个时候,父亲走进来发现儿子在地板上画着,意识到这个男孩的天才。父亲为此很骄傲,他拿出了《几何原本》,并从这个时候让儿子开始研究数学。

后来,帕斯卡的父亲把他带进了数学家协会,每周开会讨论当前科学和数学的主题。这个小组由梅森(M. Mersenne)领导,小组成员包括其他知名数学家,如德萨格(G. Desargues)、罗贝瓦尔(G. Roberval)、费马和笛卡儿。在这些会议上,帕斯卡学到了数学的最新发展。很快他就有了自己的发现。16 岁时,他发表了《论圆锥曲线》(Essai Pour Les Coniques),提出的定理"圆锥曲线内接六边形的三对边的交点共线"成为后来射影几何的基本定理之一。当时人们不相信一个 16 岁的孩子能写出这样的论文,在大家听了他的当面论述后,才相信该论文不是他父亲代劳的。

梅森

德萨格

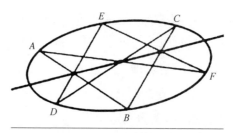

著名的帕斯卡定理——圆锥曲线内接六边
形三对边的交点共线

帕斯卡还研究自然科学和应用科学，他在物理学上的主要贡献是对大气压强和流体静力学的研究。此外，他还完成了在计算机上的先驱工作。

帕斯卡从 18 岁起身体开始衰弱，以后一直疾病缠身，又由于丧父和一次突发的马车事故，使得他在科学事业中再也没有体现出那种创造性的才华。31 岁时，他重新接受洗礼，后退隐于修道院，转而在神学、哲学方面写作。1662 年 8 月 19 日帕斯卡病逝于巴黎，终年 39 岁。

发明和发现

1642 年，刚满 19 岁的帕斯卡设计制造了世界上第一架机械计算装置——使用齿轮进行加减运算的计算器，被称为帕斯卡的计算器，后来又叫做帕斯卡林（Pascaline）。帕斯卡林带有可移动的表盘，每个表盘代表一个数字。帕斯卡原本只是想帮助父亲计算税收，减轻父亲的负担而发明了帕斯卡林，却因此而闻名于当时。帕斯卡林成为后来的计算器的雏形。在计算器研制成功之后，帕斯卡认为，人的某些思维过程与机械过程没有差别，因此设想可以用机械模拟人的思维活动。

从某种意义上说，帕斯卡林是第一台数字计算器，因为它通过

帕斯卡林

计算整数来操作。帕斯卡明白这一贡献所具有的重要意义,1644
年他在向大法官塞吉埃(P. Seguier)奉献机器时展露出一种自
豪感。

　　当然,这项发明并非没有问题:帕斯卡林的设计与当时的法
国货币结构之间存在差异。帕斯卡继续致力于改进设备,于1652
年生产了50个原型机。

帕斯卡发明的计算器示意图

　　在17世纪50年代,帕斯卡试图创造一台永动机,其目的是产
生的能量比使用的能量更多。在这个过程中,他于1655年偶然发
明了轮盘机。恰如其分地,他从法语单词"小轮"中得出了它的

名字。

虽然具体日期不确定,但据说帕斯卡还发明了一种原始形式的手表。至少可以说,这是一个非正式的发明：大概是为了方便,他用一根绳子将怀表绑在手腕上。

几个著名的流体压强实验

当托里拆利(E. Torricelli)1643 年的真空实验传到法国后,帕斯卡在 1646 年重复其实验并获得成功。他还把 12 米长的玻璃管固定在船的桅杆上,用水和葡萄酒做托里拆利的实验。人们原以为葡萄酒中含有"气"元素,因此"酒柱"会比水柱短。但因为酒的密度比水小,结果"酒柱"比水柱还要高。

笛卡儿在 1647 年 6 月关于帕斯卡的实验写信给卡卡维(P. Carcavi)说："这是我两年前劝他这样做的,虽然我没有亲自执行,但我不怀疑它的成功……"

笛卡儿于 9 月 23 日拜访了帕斯卡。他的访问只持续了两天,两人争论笛卡儿不相信的真空。笛卡儿在这次访问后给惠更斯的一封信中写道："他脑子里有太多的真空。"用词相当尖刻。

1647 年帕斯卡发表了《关于真空的新实验》(*Expériences Nouvelles Touchant le Vide*)一书。这本书引起了一些科学家的争议,他们像笛卡儿一样,不相信真空。继伽利略和托里拆利之后,帕斯卡对那些坚持认为自然憎恶真空的亚里士多德的追随者进行了反驳。

跟随托里拆利的脚步,帕斯卡尝试用重量来估计大气压力。托里拆利的真空实验发现空气压力等于 30 英寸(1 英寸≈2.54 厘米)汞柱的重量。帕斯卡推断,如果空气具有有限重量,则高山上的气压必须低于较低海拔处的气压。他住在多姆山附近,多姆山高 4 790 英尺（1 英尺＝12 英寸≈30. 48 厘米），但他因健康状况不佳无法攀登。1648 年 9 月 19 日，经过帕斯卡友好且长达数月的催促，帕斯卡的姐夫佩里耶（F. Périer）终于开始执行对帕斯卡理论至关重要的实验调查，调查报告由佩里耶撰写，内容如下：

"上周六天气很冷，那天早上 5 点左右……多姆山的能见度高，我决定试一试。我让克勒蒙费朗的几个重要人物知道我为什么要登高。在开始这一伟大的工作之际，我很高兴有他们与我同在。8 点钟，我们在米尼姆（Minim）父亲的花园里见面，那里是镇上海拔最低的地方……首先我把 16 磅水银倒入容器。然后拿了几个每根 4 英尺长、一端密封而另一端打开的玻璃管。然后把它们放在容器里……我站在同一个地方时重复了两次实验……'他们'每次都产生相同的结果……

我将其中一根管子连接到容器上，并标记了水银的高度……观察一天中是否应该发生任何变化……我爬到多姆山的顶部，这里比修道院高出约 500 英尺……每种情况都发现相同高度的水银。"

帕斯卡在巴黎"复制"了这个实验。他将晴雨表带到圣雅克德拉布谢里（Saint-Jacques-de-la-Boucherie）教堂的钟楼顶部，约 50

帕斯卡的气压计实验

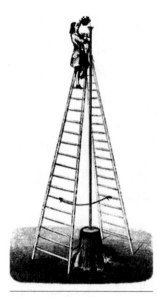

帕斯卡的裂桶实验

米高。结果水银下降了两行。

帕斯卡还从力的平衡的观点进一步研究了流体的平衡。他说山顶气压计实验"使我亲眼看到了自然界中最轻的流体空气和最重的流体水银之间的平衡"。帕斯卡的实验证实了大气压强随高度的增加而减小，并与当地气象条件有关，从而预示了利用气压计预报气象的前景。

1648年，帕斯卡表演了一个著名的裂桶实验：他用一个密闭的装满水的桶，在桶盖上插入一根细长的管子，从楼房的阳台上向细管子里灌水。结果只用了几杯水，就把桶压裂了，水从裂缝中流了出来。区区几杯水产生如此大的压强，在很多人看来是不可思议的。

1653年，帕斯卡不得不管理他父亲的庄园。他再次开始了他的旧生活，并对气体和液体施加的压力进行了几次实验。

在他逝世后第二年即1663年出版的《论液体平衡和空气的重量》中，分别论述了流体静力学和气体力学，提出了帕斯卡定律。他把封闭容器中每一部分都比作一部机器，其中各个力之间的平衡，就像杠杆和其他简单机械一样，遵循着同样规律。他在这本书中写道："使100磅（1磅≈0.4536千克）水移动1英寸，与使1磅水移动100英寸显然是一回事，"从而提出了水压机的原理。他还详细证明了器壁上由于液重产生的压强仅与深度有关，从理论上解释了流体静力学佯谬。更可贵的是，他把实验作为科学推论的一个有机环节，强调在自然科学中实验才是唯一可以信赖的良师，用以批驳耶稣教会神父反对真空存在的论点。

数学上的贡献

帕斯卡从小就体质虚弱，又因过度劳累导致疾病缠身。然而正是在病休中的 1651—1654 年间，他紧张地进行科学工作，完成了关于液体平衡、空气的重量和密度及算术三角形等多篇论文，后一篇论文成为概率论的基础。

在《论算术三角形》(Traite du Triangle Arithmettque) 的论文中，帕斯卡提出了著名的二项式系数的三角形排列法（这一三角形早在 1261 年已由我国南宋数学家杨辉在《详解九章算法》中得出）。

虽然帕斯卡不算第一个研究算术三角形的人，但他在《论算术三角形》中关于这个主题的工作是最重要的，其中阐明了代数中二项式展开的系数规律。

帕斯卡与费马的通信始于 1654 年夏天，他们在信中讨论赌博

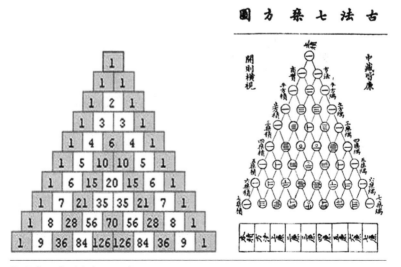

帕斯卡三角形和杨辉三角

如掷骰子涉及的数学问题，以及帕斯卡的一些实验。帕斯卡发现在掷骰子时会有出现特定结果的固定可能性，这一发现是近代概率论的基础。帕斯卡关于这个问题的著作在死后出版。他们考虑了卡尔达诺（G. Cardano）已经研究过的骰子和点数问题，大约在同一时间帕乔利（L. Pacioli）和塔尔塔利亚（N. Tartaglia）也对这两个问题做过研究。

骰子问题是指必须投掷一对骰子多少次，才能够得到两个骰子同时都是 6 点的结果；而点数问题是指如果骰子游戏在尚未结束时突然中断，该如何划分赌注。他们解决了两个玩家掷骰子的点数问题，但没有开发足够强大的数学方法来解决 3 个及以上玩家的问题。

在此期间，帕斯卡虽然身体不适，却依旧保持及时的通信。在 1654 年 7 月给费马的一封信中，他写道："虽然我仍然卧床不起，但我必须告诉你，昨天晚上我收到了你的信。"

尽管健康堪忧，但他仍然充满激情地继续科学和数学问题的研究，直到 1654 年 10 月，他在讷伊桥上发生了一场事故，他乘坐的马车停在桥上，马冲过了桥边护栏，幸运的是缰绳断了，马车悬在桥栏边上。虽然他在没有任何身体伤害的情况下获救，但在心理上受到了很大的影响。不久之后，他有了另一次宗教经历，1654 年 11 月 23 日，他承诺将自己的生命奉献给基督教。

哲学和宗教研究

帕斯卡一家都信奉天主教。由于他父亲的一场病，使他同一种更加深奥的宗教信仰方式有所接触，这对他以后的生活影响很大，或者正如他在《思想录》中所说的那样，"考虑人类的伟大和不幸。"大约在同一时间，他说服了妹妹进入皇家港的本笃会修道院。

在 1655—1659 年间,帕斯卡写了许多宗教著作。后来,帕斯卡参观了巴黎西南约 30 公里的皇家港香榭丽舍大街的(詹森派)修道院。一些宗教主题的作品是匿名的,比如 1656 年和 1657 年初出版的 18 份外省书信。这些是为他的朋友阿尔诺(A. Arnauld)辩护而写的,阿尔诺是耶稣会士的反对者,也是詹森主义的捍卫者,因其著有争议性的宗教作品而在巴黎神学院接受审判。

帕斯卡在哲学方面最著名的作品是《思想录》,这是关于人类痛苦和对上帝信仰的个人思想的集合,他于 1656 年底开始写,并在 1657—1658 年期间继续工作。这部作品包含著名的"帕斯卡赌注",声称通过以下论点可以证明对上帝的信仰是理智的:"如果上帝不存在,相信他不会失去任何东西,而如果他确实存在,不相信就会失去一切。""只有两种人可以称为有理智:找到了上帝并全心全意侍奉上帝的人;不认识上帝而全心全意在寻找上帝的人。"

不管帕斯卡的宗教观本身是否正确,至少从上述字里行间也可以看出帕斯卡并非狂热教徒,而是有着强大理性思考能力的人。

最后一项数学工作是摆线

帕斯卡最后一项工作是摆线,定义为圆在一条直线上滚动时,圆周上的一个定点的轨迹。1658 年,帕斯卡因为病痛晚上睡不着觉,又开始思考数学问题。他将卡瓦列里(F. Cavalieri)的不可分量原理应用于摆线任何一段的面积和重心问题。

他还解决了围绕 x 轴旋转的摆线形成的公转体的体积和表面积的问题。

有一次,帕斯卡发起了一个挑战,为这些问题的解决方案提供了两个奖项,希望由雷恩(W. Wren)、拉卢贝尔(S. Laloubère)、莱布尼茨、惠更斯、瓦利斯、费马和其他几位数学家来解决。瓦利斯

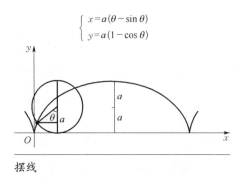

$$\begin{cases} x = a(\theta - \sin\theta) \\ y = a(1 - \cos\theta) \end{cases}$$

摆线

和拉卢贝尔进入了比赛，但拉卢贝尔的解决方案是错误的，瓦利斯也没有成功。惠更斯、瓦利斯、费马、雷恩都将他们的发现寄给了帕斯卡。雷恩一直在研究帕斯卡的挑战，他甚至反过来挑战帕斯卡。费马和罗贝瓦尔则算出了摆线的弧长、拱的长度。

帕斯卡在给卡卡维的信中发表了自己的解决方案。之后他几乎丧失了对科学的兴趣，几年里不断为穷人提供帮助，并在巴黎从一个教堂到另一个教堂参加一个又一个的宗教仪式。

帕斯卡的主要作品

帕斯卡在其短暂一生中，对数学、物理学、哲学、神学、文学、计算机科学都有非凡建树，留下很多传世经典，主要有：

1)《圆锥曲线专论》(1639)

2)《关于真空的新实验》(1647)

3)《论算术三角形》(1653)

4)《致外省人信札》(*Les Provinciales*，1656—1657)

该书信立竿见影地取得了成功，这主要归功于其形式，夸夸其谈和乏味的修辞首次被多样化、简洁、紧绷和精确的风格所取代。正如法国文学批评的创始人布瓦洛(N. Boileau)所承认的那样，该书信标志着现代法国散文的开始，是一本经典名著。

5)《论几何的精神》(1657 或 1658)

6)《写在签名的形式》(1661)

7)《思想录》(帕斯卡未写完就去世了)

在《思想录》里，帕斯卡留给世人一句名言:"人只不过是一根芦苇，是自然界最脆弱的东西，但他是一根能思想的芦苇。"《思想录》被广泛认为是一部杰作，也是法国散文的里程碑。这是对基督教信仰的持续和辩护，原书名为《捍卫基督教宗教》。书未写完他就去世了，人们发现了大量纸张碎片。第一个版本于 1669 年作为一本名为 "*Pensées de M. Pascal sur la religion, et sur quelques autres sujets*"的书出版，此后不久成为经典。在评论一个特定部分(♯72)时，圣伯夫(Sainte-Beuve)称赞它是"法语中最好的一页"。杜兰特(W. Durant)将《思想录》誉为"法国散文中最雄辩的一本书"。

逝世

帕斯卡总是有点神秘，他认为这是放弃世界的特殊召唤。他在一小块羊皮纸上写了一个事故的记录，余生他将羊皮纸穿在他的心脏旁边，永远提醒他的盟约。不久之后，他搬到了皇家港，在那里继续生活。

帕斯卡从十几岁起就一直在失眠和消化系统疾病中挣扎，因此一生中遭受了极大的痛苦。多年来，帕斯卡持续的工作对他本已脆弱的健康造成了进一步的伤害。在他去世时，他的身体疲惫不堪。

帕斯卡既没有结婚，也没有孩子，在生命的尽头，他成为一个苦行者。现代学者将他的疾病归因于各种可能，包括胃肠结核、肾炎、类风湿性关节炎、纤维肌痛和（或）肠易激综合征。1662 年 8 月 19 日，帕斯卡在吉尔伯特巴黎的家中死于胃癌。到那时，肿瘤已经转移到他的大脑中。

科学界铭记着帕斯卡的功绩，国际单位制规定"压强"单位为"帕斯卡"，是因为他率先提出了描述液体压强性质的帕斯卡定律。计算机领域更不会忘记帕斯卡的贡献，1971 年面世的 PASCAL 语言，也是为了纪念这位先驱，使帕斯卡的英文名长留在计算机时代。

帕斯卡的死亡面具和纪念碑

9 与小王子遨游不同的数学世界

——边优美树猜想 I

> 数学是根据某些简单规则玩的游戏,在纸上没有任何意义。
>
> ——希尔伯特

> 数学的本质不是使简单的事情变得复杂,而是使复杂的事情变得简单。我们通过探索该问题,而尽可能多了解原本不理解的东西。
>
> ——李学数

小王子来老爷爷家里,带了一束他星球上的玫瑰花。老爷爷接过说谢谢之后,就放在餐桌的花瓶里。

"孩子,数学中存在许多看似容易的事实,可是却难证明或解释为什么是这样的。比方说任意大于 4 的偶数都可以表示成两个不同奇素数的和,即 $2n = P_1 + P_2$,这就是著名的哥德巴赫猜想。近 300 年来许多人想证明,但都没有成功。

我有一个关于树(无圈的连通图)的猜想,从 1985

年提出之后,几十年来许多人想证明,也都没有成功。今天我就把这个猜想介绍给你,很可能它会像哥德巴赫猜想一样,几百年都没有人能证明。"

老爷爷坐在院子里晒太阳,石桌上摆了一份他写的论文,以及一大堆草稿纸。他对张大好奇的眼睛的小王子讲述他的猜想的来源和进展。

"你看。2 个顶点的树只有一个 P_2。 我在它的边上标上 1。然后在它的顶点写上边的标号 1。你看这两个顶点标号一样。"

$$f:\; \underset{v_1}{\bigcirc}\!\!\underset{1}{\rule[0.5ex]{2em}{0.4pt}}\!\!\underset{v_2}{\bigcirc} \quad\Rightarrow\quad f^+:\; \underset{v_1}{\textcircled{1}}\!\!\rule[0.5ex]{2em}{0.4pt}\!\!\underset{v_2}{\textcircled{1}}$$

之后老爷爷画了有 3 个顶点的树 P_3。

"是要把两个边的标号加在一起。现在我用 $p(P_3)=3$ 除它得到余数。可以得到如下:

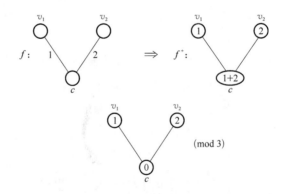

(mod 3)

你可以观察到 3 个顶点的标号都不会一样。

好! 现在我问你一个问题:有 4 个顶点的树有多少?"

小王子画了如下两个例子:

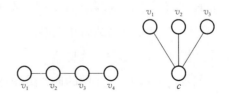

他画下可能的标号(模 4)：

①—$\overset{1}{}$—③—$\overset{2}{}$—①—$\overset{3}{}$—③   ②—$\overset{2}{}$—③—$\overset{1}{}$—⓪—$\overset{3}{}$—③   ②—$\overset{2}{}$—①—$\overset{3}{}$—⓪—$\overset{1}{}$—①

这些标号不是互不相同的，再比如下图标号 2 重复。

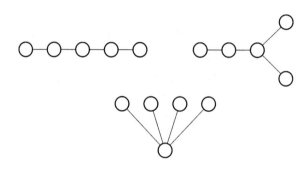

"现在你找有 5 个顶点的树共有多少?"

小王子找到 3 个不同的树。

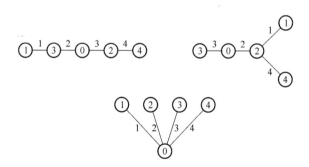

他很高兴找到它们的标号，使得顶点标号互不相同。

①—$\overset{1}{}$—③—$\overset{2}{}$—⓪—$\overset{3}{}$—②—$\overset{4}{}$—④

"孩子，让我给出'边优美树猜想'：如果树 T 有奇数个顶点 p，我可以在它的边上标号，使得每个顶点填上从其出发的边的标号之和除以顶点个数 p 的余数都不同。"

"老爷爷，你怎么会想出这个猜想呢？"

"是这样的，在 1985 年我参加了佛罗里达大学举办的美国东南图论组合计算大会。有一个来自加州大学洛杉矶分校的青年教授罗生平宣读他的一篇图论标号论文——《关于边优美图》。

罗生平(左)与李学数(摄于 2004 年)

他定义：

[**定义 1**]　一个有 p 个顶点、q 条边的图 G 为边优美图，如果存在一个边的一一映射 $f: E(G) \rightarrow \{1, \cdots, q\}$，使得它的点导引映射

$$f^+: V(G) \rightarrow \mathbb{N}$$

此处 f^+ 定义为 $f^+(u) = \sum \{f(u, v): (u, v) \in E\} (\bmod p)$ 是到 $\{0, 1, \cdots, p-1\}$ 的一一映射。

当时我觉得这个新标号理论与著名的优美图理论有对偶性，应该值得去探究。"

"老爷爷，为什么您说边优美图理论可以看成优美图理论的对偶理论?"

"是这样的,优美图的定义如下:

[**定义 2**]　$G=(V, E)$ 有 p 点和 q 边,是优美的,如果存在一个 1—1 映射

$f: V \rightarrow \{0, 1, \cdots, q\}$,使得它的边导引映射 $f^-: E \rightarrow \{1, 2, \cdots, q\}$ 定义为

$$f^-(u, v) = |f(u) - f(v)|$$

是一个 1—1 映射。

你能否看出两者之间存在一个对偶关系?"

"是的。您为什么会想出这个树猜想呢?"

"优美树是德国数学家林格尔(G. Ringel)与加拿大的斯洛伐克裔数学家科希格(A. Kotzig)提出的一个到现在仍未解决的著名猜想。他们认为所有的树都是优美的。

林格尔

罗生平在他的论文指出,星图 $St(n)$ 当 n 是偶数时不是边优美,我很自然地想知道哪些树会是边优美?

罗生平发现 G 有 p 点和 q 边是边优美的必要条件:

$$q^2 + q - \frac{p(p-1)}{2} \equiv 0 \,(\mathrm{mod}\ p)。$$

我知道树有偶数个顶点 p 时不会满足以上的条件,因此不会是边优美。可是,p 是奇数时上面的必要条件成立。我试了几个奇数顶点的树,都能找到它们的边优美标号,因此提出了奇数点的树都会是边优美的猜想。

回去之后，我就开始忙起来，找出方法验证这个猜想。

很容易发现：

[**定理 1**]　P_{2k+1} 是边优美图，它们有这样自然的标号：

①—⓪—②　　　①—③—⓪—②—④
　1　　2　　　　1　　2　　3　　4

①—③—⑤—⓪—②—④—⑥
　1　　2　　3　　4　　5　　6

在 1970 年，巴西的德裔数学家弗鲁赫特（R. Frucht）与美国数学家哈拉里（F. Harary）提出冠积（coronal construction）的构造法。

弗鲁赫特

[**定义 3**]　令 G，H 是两个图，定义 G 和 H 的冠积写成 $G \odot H$ 是指新图

$$V(G \odot H) = V(G) \bigcup \bigcup_{i \in V(G)} V(H_i)$$

$$E(G \odot H) = E(G) \bigcup \bigcup_{i \in V(G)} E(H_i) \bigcup \{(i, u_i):$$

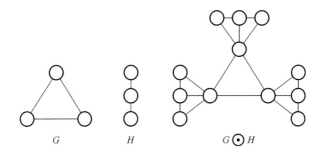

$$i \in V(G) \text{ 和 } u_i \in V(H_i)\}$$

这里 $V(H_i)=V(H)$，$E(H_i)=E(H)$。

[例 1] $G=C_3$，$H=P_3$，$G \odot H$ 如下图所示：

G $\qquad$ H $\qquad$ $G \odot H$

我发现：

[定理 2] 对于 $k \geqslant 1$，$P_{2k+1} \odot N_2$ 是边优美图。

[例 2] $P_3 \odot N_2$ 是边优美图。

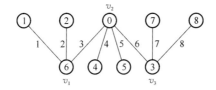

$P_5 \odot N_2$ 是边优美图。

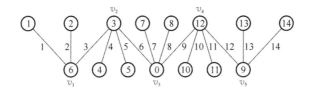

你可以考虑：

[研究课题 1] 什么 $2k_1+1$ 和 $2k_2$ 使 $P_{2k_1+1} \odot N_{2k_2}$ 有自然的边优美标号？

我知道 $P_3 \odot N_8$ 有 27 个顶点，你看它的标号：

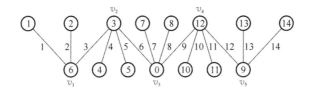

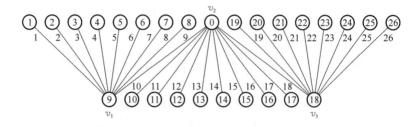

你感觉如何?"

"这真是漂亮神奇的结果,我会试着去寻找。"

"好,我现在要推广弗鲁赫特和哈拉里的冠积图的构造法:

[定义4] 令 G 是一个图,$S \subseteq V(G)$,$|S| = k$。定义一系列
与 $v_i (i = 1, 2, \cdots, k)$ 关联的图 $\{H_{v_i}\}_{i = 1, \cdots, k}$,
我们用 $(G, H) \odot \bigcup \{H_{v_i}\}$ 指图

$$V((G, S) \odot \bigcup \{H_{v_i}\}) = V(G) \bigcup \bigcup \{V(H_{v_i}): i = 1, \cdots, k\}$$

$$E((G, S) \odot \bigcup \{H_{v_i}\}) = E(G) \bigcup \bigcup \{E(H_{v_i}): i = 1, \cdots, k\}$$

$$\bigcup \{(v_i, X_{v_i}): X_{v_i} \in V(H_{v_i}), i = 1, \cdots, k\}$$

[例3] $G = C_4$,$S = \{v_1, v_2, v_3\}$,$H_{v_1} = P_2$,$H_{v_2} = C_3$,
$H_{v_3} = \text{St}(3)$,

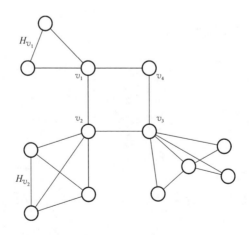

好,我给你一个漂亮的结果:

[**定理 3**]　令 $G=\mathrm{St}(2k_1+1)$，$S=\{v_1,\ v_2,\ \cdots,\ v_{2k_1+1}\}\bigcup\{c\}$，

$$H_{v_i}=N_2,\ i=1,\ 2,\ \cdots,\ 2k+1,\ H_c=N_1,$$

则 $(G,\ V(G)\odot V\{H_{v_i}\})$ 是边优美图。

[**例 4**]　$G=\mathrm{St}(3)$，$S=V(G)$，$H_{v_i}=N_2$，$H_c=N_1$，

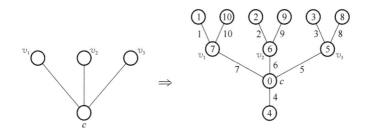

[**例 5**]　$G=\mathrm{St}(5)$，$S=V(G)$，$H_{v_i}=N_2$，$H_c=N_1$，

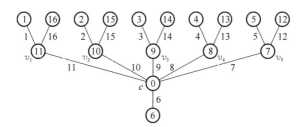

你看看。"

"老爷爷，这真是漂亮的边优美标号。我猜我可以有如下的对偶结果：

[**定理 4**]　令 $G=\mathrm{St}(2k_1)$，$V(G)=\{v_1,\ v_2,\ \cdots,\ v_{2k_1}\}\bigcup\{c\}$，

$$H_{v_i}=N_2,\ i=1,\ 2,\ \cdots,\ 2k_1,\ H_c=N_{2k_2},$$

则 $(G,\ V(G)\odot\bigcup\{H_{v_i}:i=1,\ \cdots,\ 2k_1\}\bigcup\{H_c\})$ 是边优美图。

[**例 6**]　$G=\mathrm{St}(2)$，$H_{v_i}=N_4$，$i=1,\ 2$，$H_c=N_2$。

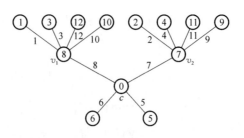

[**例 7**]　$G = \mathrm{St}(4)$，$H_{v_i} = N_2$，$i = 1, \cdots, 4$，$H_c = N_6$。

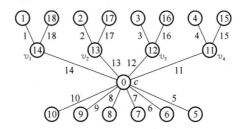

对吧。"

"孩子,北非大主教圣奥古斯丁曾经引《旧约·以塞亚书》中的'除非你相信,你不会明白(Nisi credidertis, non intelligitis)',现在你相信我的猜想是对的吧!"

"老爷爷,您还有什么树有巧妙的边优美标号?"

"有。请看定义:

[**定义 5**]　P_n 和 N_1 的冠积是所谓梳子图(Comb graph),记为 $\mathrm{Comb}(n)$。

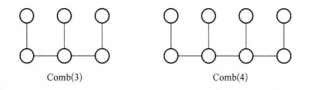

Comb(3)　　　　　　　　　　Comb(4)

它们都有偶数个顶点,因此不会是边优美。

我现在形成 $\mathrm{Comb}(n)$ 和 P_2 的一点连结图,我称它为 T_1E_n。

[**定理 5**]　对于 $n \geqslant 2$，T_1E_n 边优美图。

比如 T_1E_3，你看它有 3 种不同的标号：

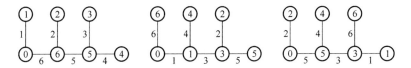

我让你去玩，你看会有什么新的边优美树。"

老爷爷让小王子在书房工作，他自己去院子浇水。过了半个钟头，他拿了烤好的红薯给小王子。

小王子一面剥红薯的皮，一面吃。然后带了一张写了大字"Eureka（我发现了）！T_3E_n，T_5E_n！"的纸给老爷爷。

老爷爷一看，真是乐开怀。只见小王子发现：

[**定理 6**]　对于 $n \geqslant 2$，T_3E_n 是边优美图。

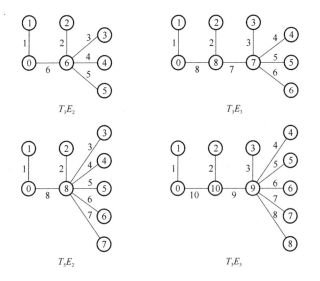

"孩子，你可以写出更一般的结果：

[**定理 7**]　对于 $k \geqslant 1$ 和 $n \geqslant 2$，$T_{2k+1}E_n$ 是边优美图。

你看：

[**例 8**]　对 T_7E_4，有 $p=15$。

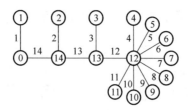

这是不是很巧妙呢?

你知道星图 $St(n)$ 只有当 n 是偶数时,它才是边优美。我们现在研究什么样的双星图 $DS(n_1, n_2)$ 会是边优美?"

"老爷爷,很明显 n_1, n_2 不能同时是偶数或奇数,让我试试几个例子。"

小王子画了 $DS(3, 4)$, $DS(3, 6)$,观察片刻很快得到边优美标号,如下图所示:

［例9］ $p = 9$。

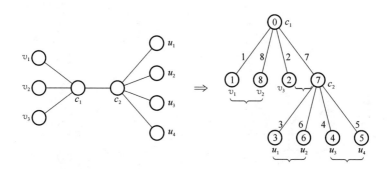

［例10］ $p = 11$。

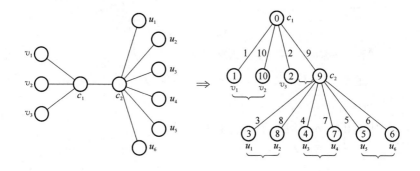

"老爷爷，我是想把一个顶点的两个边标上所谓互补数（a，b），即 $a+b=p$。这样我就可以轻易得到边优美标号。"

"孩子，你的方法比我最初得到的还好。事实上，你还可以再向前一步证明更多的树是边优美树。你看你把树描述成有层次（level）的树，这是一个好想法。

任意给一个树 T，想象你是一个大力士，提住它的一个顶点，然后摇一摇，让这树的其他顶点垂下来，这就是有层次的树。

你看我有这树。我就抓住 v_1 摇它，我就得到下图：

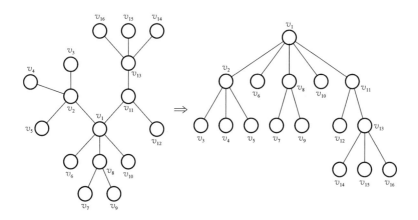

我把第一层叫根（root），第二层的顶点标为 v_1 的'儿子'（children）。因此 v_1 有 5 个儿子 v_2，v_6，v_8，v_{10}，v_{11} 这个树有 4 代。

我想你可以用对双星树的方法证明：

[定理 8]　任何有一个根的层次树，如果它的每一个子孙有偶数个后裔，那么这个树会是边优美。

你回去证明。我们今天就讨论到这里。"

"谢谢，老爷爷。我把没有吃完的烤红薯带回去作为我的晚餐。"

小王子吻别老爷爷之后就飞走了。

10 与小王子遨游不同的数学世界
——边优美树猜想Ⅱ

　　"拉丁美洲人和农业劳工的领袖查维斯说：'要实现一个伟大的梦想，第一个要求是拥有出色的梦想；第二个条件是坚持不懈。'

　　我的关于奇阶树的边优美树猜想值得关注！只要你深入研究就会发现它是很奇妙的。每个简单例子都可推广出无穷多个例子来表明这个猜想是对的，可是恼人的事实是，我们都不能证明它是一直正确的，这就是问题吸引人的地方。孩子，我是一个数学乐观主义者，我的边优美树猜想看似平凡无奇，实则困难异常，但我们如果坚持不懈，有一天一定会水到渠成，得以解决。"

　　"老爷爷，今天我向您汇报我最近关于这个猜想的一些工作。我希望通过与您讨论之后，我可以再发现一些新的定理。"

　　"好的，你说，我帮你验证。"

　　"老爷爷，我现在推广双星图为广义双星图 GBS$(k;(m, n))$。"

[**定义 1**] 对于顶点 $\{c_1, c_2, \cdots, c_k\}$ 的路径图,在 c_1, c_k 顶点各增加 m 和 n 个悬挂边,$\mathrm{GBS}(k;(m, n))$ 称为广义双星图。

[**例 1**] $k=4$,$m=2$,$n=3$ 称为广义双星图 $\mathrm{GBS}(4;(2, 3))$ 如下,

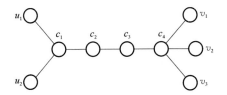

根据定义 $\mathrm{GBS}(k;(m, n))$,只有当 $k+m+n \equiv 1 (\mathrm{mod}\, 2)$ 才会是边优美。

我从 $k=3$ 开始研究:

[**情形 1**] m,n 同时是偶数。

[**例 2**] $\mathrm{GBS}(3;(4, 6))$,有 $p=13$,$q=12$。

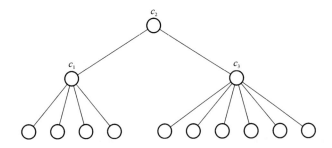

由老爷爷上次的发现,我可以把 12 条边分解成三组:$\{1, 12\}$,$\{2, 11, 3, 10\}$,$\{4, 9, 5, 8, 6, 7\}$,然后给出如下的边优美标号:

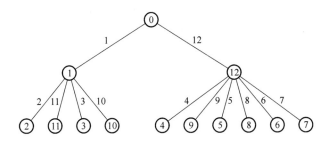

[情形2]　m，n 同时是奇数。

[例3]　GBS(3；(3，5))，$p=11$。

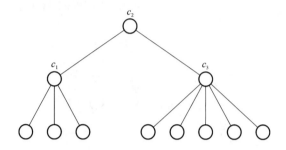

我把 10 条边$\{1，2，\cdots，10\}$分解成 3 个子集合$\{1，10\}$，$\{2，3，4\}$，$\{5，6，7，8，9\}$，然后对边标号，

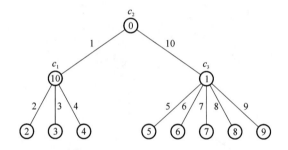

您看它是边优美的。"

"孩子，你要试试对任意 k 及 m，n，给出一般的证明。这个留到下次再报告好了。你还有什么可以谈的东西呢？"

"老爷爷，是否计算机之类的工具可以协助证明您的猜想呢？"

"这是一个好问题。但是，你看要找出所有不同构的树，不是轻而易举的事。

我用 $T(n)$ 表示阶数是 n 的不同构树的数目，你看 $T(3)$，只有 1 个：

阶数是 5，$T(5)=3$，

阶数是 6，$T(6)=6$，

可是阶数是 7，$T(7)=11$，

阶数是 8，$T(8)=23$，

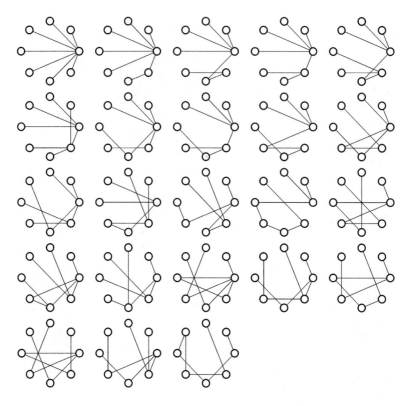

你可以想象当 n 增加时,阶数是 n 的不同构树 $T(n)$ 增加得会很快。

阶数是 $n(n$ 从 **1 到 **36**)的不同构树的数目 $T(n)$**

n	$T(n)$	n	$T(n)$	n	$T(n)$
1	1	7	11	13	1 301
2	1	8	23	14	3 159
3	1	9	47	15	7 741
4	2	10	106	16	19 320
5	3	11	235	17	48 629
6	6	12	551	18	123 867

n	$T(n)$	n	$T(n)$	n	$T(n)$
19	317 955	25	104 636 890	31	40 330 829 030
20	823 065	26	279 793 450	32	109 972 410 221
21	2 144 505	27	751 065 460	33	300 628 862 480
22	5 623 756	28	2 023 443 032	34	823 779 631 721
23	14 828 074	29	5 469 566 585	35	2 262 366 343 746
24	39 299 897	30	14 830 871 802	36	6 226 306 037 178

　　当 $n=101$ 时，$T(101)$ 大得用全球所有的超级计算机日夜来验证，都要数千亿年的时间才能算完，因此这可以解释为什么用计算机算是不可行的。"

　　"老爷爷，是否有人曾用计算机找出您的猜想的反例呢？"

　　"在 20 年前我的一个研究生李文用计算机测试阶数为 17 的不同构树，发现每个都是边优美。

　　后来土耳其的计算机教授贾希特(I. Cahit)建议与我合作研究这一猜想。他是亲和图(cordial graph)理论的提出者。

　　我建议他下一步检验奇数阶数为 19 的树，他稍微估计之后回信说：这个计划可能以当时的计算机速度及记忆容量而言，是一个不可行的任务。因此这个研究计划就无疾而终。

　　贾希特认为这个问题可能比优美树猜想容易解决一些。"

　　"老爷爷，我们还是从事一些我们可以做的事吧！"

贾希特

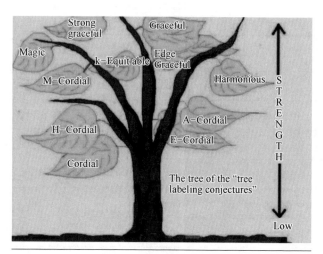

关于树的各个由弱到强的"猜想树"

"好，我想让你研究下面的树——'蜘蛛图'。

[定义 2] 令 T_1，T_2，$\cdots$，$T_n(k \geqslant 2)$ 是长为 a_1，$\cdots$，a_k 的路径图。取 $\{v_1\}$ 作为定点。我们构造它们的一点连结图，我用符号表示 $SP(a_1, \cdots, a_k)$。这个树称为蜘蛛图（spider graph）。

[例 4] $SP(1, 1, 2, 2, 3)$ 是如下的树：

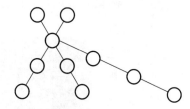

$SP(1, 1, 3, 5, 6)$ 是如下的树：

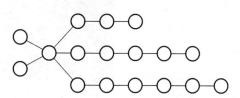

我用 $a_1^{[b_1]}$ 表示有 b_1 个 a_1。

因此一般的蜘蛛图我用 $SP(a_1^{[b_1]}, \cdots, a_k^{[b_k]})$ 来表示。就像如下的树可以写成 $SP(2^{[3]})$：

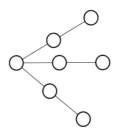

给你下面这个课题，

[**研究课题**]　$SP(a_1^{[b_1]}, \cdots, a_k^{[b_k]})$ 在什么情况下会是边优美？

你可以先试试 $k=2$ 的情况。

我现在去院子浇水，半个钟头后再回来听你报告。"

半个钟头之后，老爷爷回来了。小王子报告说："我先考虑 $SP(1^{[b_1]}, n^{[b_2]})$ 的情形。

[**情形 1**]　当 $b_1=2k$，$n=2$，$b_2=1$ 时，我有

[**定理 1**]　$SP(1^{[2k]}, 2)$ 是边优美图，对 $k \geqslant 1$ 成立。

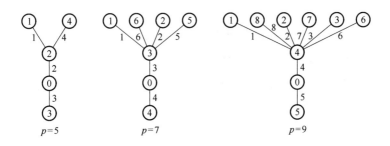

[**情形 2**]　当 $b_1=2k+1$，$n=3$ 时，我有

[**定理 2**]　$SP(1^{[2k+1]}, 3)$ 是边优美的，对任意 $k \geqslant 1$。

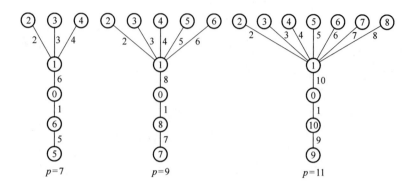

[情形 3] 当 $b_1 = 2k$，$n = 4$ 时，有

[定理 3] SP($1^{[2k]}$, 4)是边优美的，对任意 $k \geqslant 1$。

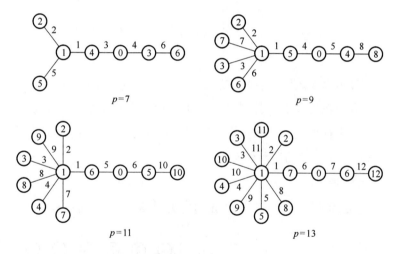

可是对 $n = 5$ 我找不到解决方法。"

"孩子，不要因为找不到结果而产生压力。只要你肯寻找，答案会出现。这样吧！我们暂停下来休息一会，你后天再来找我。同时我也会思考你的问题，你要以平常心态看问题。"

"好的，老爷爷，我回去想一想，我找不到答案的原因究竟是什么。"小王子给老爷爷一个拥抱就飞走了。

11 我的4个优美图猜想

小王子遇到了老爷爷，又聊起了数学。

"孩子，你还记得优美图的定义吗？"

"记得。

[**定义1**] 一个图 G 有 p 个顶点、q 条边，我们说 G 是优美的，如果存在一个 $1-1$ 映射，$f: V(G) \rightarrow \{1, 2, \cdots, q\}$，使得边导引标号 $f^-: E(G) \rightarrow \{1, 2, \cdots, q\}$ 是双射，这里 $f^-(u, v) = |f(u) - f(v)|$。$V$、$E$ 分别是图的顶点集和边集。

老爷爷，我们要研究什么样的问题？"

"孩子，今天我们来玩一个关于优美图的游戏。

你知道所有的路径图 P_n 都是优美的，它们可以用如下的方法标号：

$$f: \underset{v_1}{①}—\underset{v_2}{①} \Rightarrow f^-: ①\underset{1}{—}①$$

$$f: \underset{v_1}{①}—\underset{v_2}{⓪}—\underset{v_3}{②} \Rightarrow f^-: ①\underset{1}{—}⓪\underset{2}{—}②$$

$$f: \underset{v_1}{①}—\underset{v_2}{②}—\underset{v_3}{⓪}—\underset{v_4}{③} \Rightarrow f^-: ①\underset{1}{—}②\underset{2}{—}⓪\underset{3}{—}③$$

$$f: \underset{v_1}{②}—\underset{v_2}{①}—\underset{v_3}{③}—\underset{v_4}{⓪}—\underset{v_5}{④} \Rightarrow f^-: ②\underset{1}{—}①\underset{2}{—}③\underset{3}{—}⓪\underset{4}{—}④$$

罗萨

你明白吗?"

"对。但是怎么证明所有的树都是优美，却是一个几十年悬而未决的难题。"

"这就是科希格与林格尔的著名猜想。科希格的学生罗萨（A. Rosa）证明了所有的"毛毛虫"都是优美图。毛毛虫是指去掉悬挂点（即只与一点相连的点）和与其关联的悬挂边后只剩下一条路的树，是一种比较简单的树。

罗萨的编号法是：

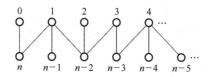

[**例 1**]　最简单的毛毛虫如 $Cat(10;(1, 0, 0, 0, 0, 0, 0, 0, 0, 1))$ 和 $Cat(15;(1, 0, 0, 0, 0, 0, 0, 0, 0, 0, 0, 0, 0, 0, 1))$ 如此标号：

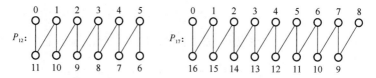

[**例 2**]　毛毛虫 $Cat(5;(2, 4, 3, 3, 3))$ 如此标号：

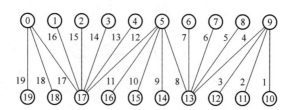

现在我定义一个构造：

[**定义 2**]　对于一个图 $G=(V,E)$，$S\subseteq V(G)$，$f\colon S\to\mathbb{N}$，Corona(G,S,f) 是这样的图，如果 $f(v)=n$，就在 G 的点 v 上作 n 个悬挂边。我称它为 G 的冠冕图。

[**例 3**]　P_4，$S=V$，$f(v_1)=2$，
$$f(v_2)=3,\ f(v_3)=3,\ f(v_4)=4,$$
Corona(P_4,S,f) 是下图。可以证明这个树是优美图，方法是这样的：

先标边，

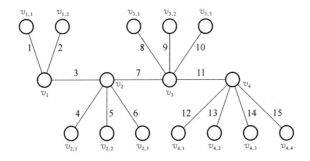

然后在 $v_{4,4}$ 上放 0，

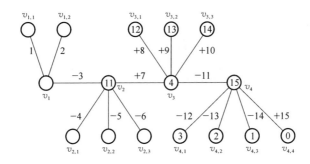

在 v_4 就放 $0+15=15$。

然后按 $v_{4,3}$，$v_{4,2}$，$v_{4,1}$ 及 v_3 顺序放 $15-14$，$15-13$，$15-12$，$15-11$，即 $1,2,3,4$。

接下来按 $v_{3,3}$，$v_{3,2}$，$v_{3,1}$ 及 v_2 顺序放 $4+10$，$4+9$，$4+8$，

$4+7$,即 14，13，12，11。

然后按 $v_{2,3}$，$v_{2,2}$，$v_{2,1}$ 及 v_1 顺序放 $11-6$，$11-5$，$11-4$，$11-3$,即 5，6，7，8,

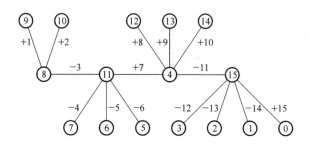

最后在 $v_{1,2}$，$v_{1,1}$ 上标 $8+2$,$8+1$,即 $10,9$。

因此 $\mathrm{Corona}(P_4，S，f)$ 是优美。"

"我明白,这个方法的确优美。"

"好,我可以讲我的猜想了。

[**李学数猜想 1**]　如果 G 是一个优美图,对于任意 $S \subseteq V(G)$,即 $f: S \rightarrow \mathbb{N}$,则它的冠冕图是优美图。

因此如果你能证明这个猜想,那么你就包含了罗萨的定理为结论。"

"太好了,这是'一石双鸟'的大定理。"

"孩子,这是'一石无穷多鸟'的神奇猜想。"

"老爷爷,你证明这猜想了没有?"

"只有少数情形被证明。罗萨证明完全二部图 $K(m，n)$ 或 $K_{m,n}$ 是优美的。二部图 $K(m，n)$ 就是指两个点集,各 m、n 点,同点集内的点不连边,不同集的点与点连一条边或不连边(如果都连,就是完全二部图)。他的方法举例如下。

[**例 4**]　$K(2,3)$ 是优美图(见下页上图)。

如不要求每个顶点的不同标数是连续的,而仅要求每条边上的数是从 1 开始的连续整数,那么可称这个图是'次优美图'。

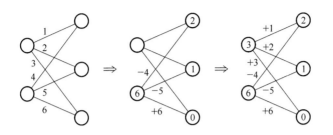

事实上,很多图连'次优美'也做不到。比如下面的五边形图 C_5(各顶点标数 a、b、c、d、e):

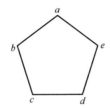

事实上,如果 C_5 是次优美图,那么有

$$15 = 1 + 2 + 3 + 4 + 5$$
$$= |a - b| + |b - c| + |c - d| + |d - e| + |e - a|$$
$$\equiv a - b + b - c + c - d + d - e + e - a$$
$$= 0 \pmod{2},$$

矛盾!

但是,只要最少可能地去掉圈剩下的树就猜测它是优美图,说明树的优美图猜想是多么地强。

[李学数猜想 2] 如果 G 是一个次优美图,对于任意 $S \subseteq V(G)$,即 $f: S \rightarrow \mathbb{N}$,则它的冠冕图是次优美图。

[李学数猜想 3] 如果 (G_1, u_1),(G_2, u_2) 是 2 个次优美图,则它的一点联图是次优美图。

[例 5] 例如,$G_1 = C_8$,$G_2 = K_{3,4}$,则它的一点联图是次优美图。

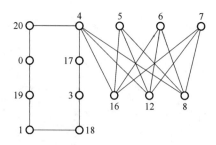

[**例6**]　以下几个图支持我的猜想：

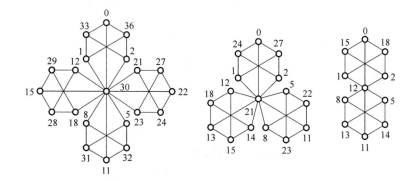

我们可以用两个图的笛卡儿积来构造新图。

[**定义3**]　如果对两个图 G_1，G_2，有 $G_1 = (V_1，E_1)$，$G_2 = (V_2，E_2)$，则它们的笛卡儿积 $G_1 \times G_2$ 是图

$$V(G_1 \times G_2) = V(G_1) \times V(G_2)$$

$$E(G_1 \times G_2) = E(G_1) \bigcup E(G_2)$$

$$\bigcup \{(x_1，y_1)，(x_2，y_2)：(x_1，x_2) \in E(G_1)，(y_1，y_2) \in E(G_2)\}$$

让我们看一些例子，了解这构造法：

[**例7**]　$G_2 = K_1$，$G_1 \times G_2 = G_1$，

$$G_1 = \quad \underset{u_1}{\overset{u_2}{\bigcirc}} \quad \times \quad \underset{w_1}{\overset{G_2}{\bigcirc}} \quad = \quad \underset{(u_1,w_1)}{\overset{(u_2,w_1)}{\bigcirc}} \quad G_1 \times G_2$$

[**例8**]　$G_1 = P_2$，$G_2 = P_2$，

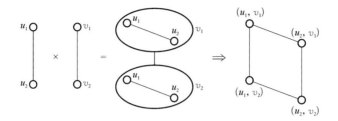

[例9] $G_1 = C_3$，$G_2 = P_3$，

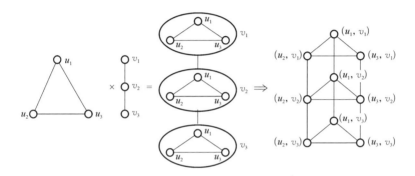

[李学数猜想4] 如果 (G_1, u_1) 是一个次优美图，则它与 P_n 的笛卡儿积图是次优美图。有下面的例子。

[例10] $K_{2,7} \times P_4$ 是次优美图：

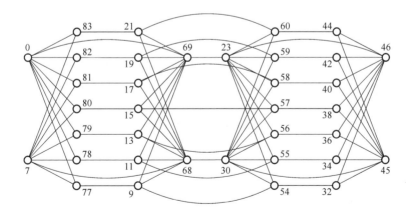

图论很有意思，也很难，孩子，希望你好好努力，证明我的这几个猜想。"

12 计算机科学理论的创始人

——乔治·布尔

乔治·布尔很重要吗？我想，如果没有乔治·布尔，就没有谷歌，没有亚马逊，没有英特尔……这些都使他变得非常重要。

> ——普特南（D. Putnam）勋爵，
>
> 电影《乔治·布尔的天才》
>
> （*The Genius of George Boole*）主演

计算和推理，就像编织和耕作一样，不是人类的灵魂，而是铁和木头的巧妙结合。

> ——布尔

在多种形式的虚假文化中，过早地与抽象对话也许最有可能证明对男性活力的发展具有致命性。

> ——布尔

无论一个数学定理看起来有多么正确，都应

该让它给人以美丽的印象,永远不要让人感到不完美。

——布尔

我认为很少有人关注数学分析的历史,人们会怀疑它是按一定顺序发展的,而且在很大程度上必须逐步确定这一顺序。逻辑推论,或者是在新思想和概念发展的时机到来之时,通过相继引入新思想和新概念来实现。

——布尔

乔治·布尔(George Boole,1815—1864)基本上可以说是一个自学成才的英国数学家、哲学家和逻辑学家。他从事微分方程和代数逻辑领域的研究,最出名的著作是《思维规律的研究》(*An Investigation of the Laws of Thought*),此书引入了布尔代数。德·摩根(A. de Morgan)和皮尔斯(C. Peirce)等人完善了他的工作。不过在当时,很少有人知道那些数学家所做的。后来,布尔的同胞、大哲学家和数学家罗素在《数学原理》(*The Principles of Mathematics*)中提到:"纯数学是布尔在一部他称之为《思维规律的研究》的著作中发现的。"人们这才关注到布尔代数,但还是认为它是毫无实际用途的"纯数学"。

再后来,以布尔命名的布尔代数成为现代数字计算机的逻辑基础,布尔才被视为计算机科学理论杰出的创始人之一。如今,月球上的一个火山口也以布尔命名,关键词"布尔"在许多编程语言中表示逻辑数据类型,科克大学还有布尔信息学研究中心,这些都是对布尔的肯定和纪念。

乔治·布尔

皇后学院(现科克大学)纪念布尔的铭牌

科克大学布尔图书馆前的布尔雕像

来自贫穷工人阶级家庭的神童

布尔的父亲是一家鞋店的鞋匠，但他也对制造乐器和数学感兴趣。他的梦想是成为科学技术领域的专职传教士,他经常参加林肯力学学院(Lincoln Mechanics' Institution)举办的讨论、阅读活动,以及科学技术讲座。1834 年,布尔的父亲成为该学会图书馆的馆长。他的母亲是一位女仆,热爱诗歌、文学和音乐。布尔有 3 个兄弟姐妹。

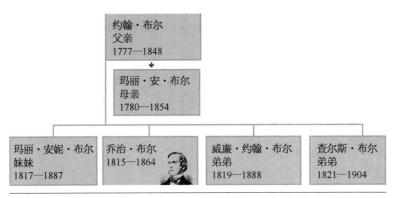

布尔的家庭关系图

布尔就读于当地商人办的小学,并由父亲教基础数学。布尔想学习拉丁语和希腊语,以便迈入社会,父亲的朋友给他提供了一些基础辅导。12 岁时,他将昆图斯·贺拉斯·弗拉库斯(Quintus Horatius Flaccus)的颂歌翻译成英文。父亲为此感到十分骄傲,并将布尔的作品发表在当地报纸上。一些批评家否认这个年龄的男孩可以做这样的事情,也指出了翻译中的错误,这使得布尔感觉被羞辱了。

后来,布尔在林肯郡的班布里奇商业学院读高中,但没有完成进修。好在他是一名神童,为自己设定了 5 年掌握代数的要求,结果自学成才。他从居住在林肯郡附近的布罗姆黑德(E. Bromhead)爵士那里借书,自学了高级数学和外语。

由于出身贫寒,布尔在 16 岁时被迫养家糊口。在接下来的 4 年中,布尔在两所学校担任助理老师。他对较低的工资不满意,并开始寻找其他职业。他曾考虑到军队去或从事法律工作,最终选择了专注于教会的工作。在学习成为牧师时,他学了法语、德语和意大利语，这些语言对他以后的研究也有所帮助。

19 岁时，为了照顾父母和弟妹，布尔开办了一间小型的私立学校，然后又接管了沃丁顿的霍尔学院（Hall's Academy）。他教授学生们数学，同时这也激发了他对数学的兴趣。他对教科书不满意，开始阅读拉普拉斯和拉格朗日的著作。受他们思想的启发，布尔写了第一篇有关变异微积分的数学论文。在这段时间内，布尔还发现了不变式。

在教学期间，布尔受到了好评："他是一位好老师。有时他们会说，'越聪明，您教得越少，因为您并不真正了解他们的困难，'但事实并非如此。他是一个了解学生并愿意帮助他们理解他们的困难并向他们解释的人。"

教学、管理学校和照顾家人，影响到布尔做数学的时间和精力，他是靠挤时间阅读、学习和研究的。在此期间，他加入了当地的林肯力学学院力学研究所，进一步提高了数学知识。在那里，林肯郡圣斯威逊教堂的迪克森（R. S. Dickson）牧师向他提供了拉克鲁瓦（S. F. Lacroix）所著的《微分计算与积分计算》（*Traite du Calcul Differentiel et du Calcul Integral*）。布尔独自研究微积分多年，并最终掌握了微积分。1838 年，他写了第一篇数学论文《关于变分的某些定理》（On Certain Theorems in the Calculus of Variations），重点对他在拉格朗日的《分析力学》（*Mecanigue Analytigue*）中读到的结果进行改善。

幸有贵人相助

1839 年初，布尔前往剑桥与年轻的数学家格雷戈里（D. Gregory）会面。格雷戈里是《剑桥数学杂志》（*Cambridge Mathematical Journal*）的编辑，于 1837 年创立了这本杂志。布尔向《剑桥数学杂志》

投递论文《解析变换理论研究》(Researches in the Theory of Analytical Transformations)。论文通过强调不变性的思想来讨论线性变换的微分方程和代数问题。格雷戈里很欣赏布尔的论文,并将其发表。

虽然格雷戈里只比布尔大两岁,但他却成了布尔的重要导师。格雷戈里指导布尔撰写数学论文,还建议布尔在剑桥大学学习,但是布尔不能辞职,因为他要照顾家人。其实,在开始发表论文后不久,布尔就渴望找到一种加入高等教育机构的方法。他曾考虑进入剑桥大学获得学位,但被告知必须满足各种要求,这可能会严重干扰他的研究计划,更不用说获得融资的问题了。

1841 年,布尔建立了不变式理论,这是数学的一个新分支,为爱因斯坦带来了灵感。

1842 年,布尔与德·摩根开始了另一段终身友谊。凯莱(A. Cayley),后来剑桥的萨德勒教授,也是历史上最多产的数学家之一,于 1844 年写给布尔的第一封信中,赞扬他在不变式方面的出色工作。他们成了亲密的朋友,在布尔移居爱尔兰科克之前的几年里,凯莱曾去林肯郡拜访布尔。

1843 年,布尔完成了一篇关于微分方程的冗长论文,将指数替代和参数变化与符号分离方法结合在一起。论文对《剑桥数学杂志》来说太长了,格雷戈里和德·摩根鼓励他将论文提交给皇家学会。第一位审稿人拒绝了布尔的论文,但第二位审稿人推荐该论文去争取 1841—1844 年间最佳数学论文金奖。1844 年,皇家学会发表了布尔的论文,并授予他金牌,这是该学会授予数学家的第一枚金牌。这篇论文以及享有盛誉的奖章引起了英国顶尖数学家的关注。

1845 年,布尔又撰写了一篇题为《线性变换的一般理论的论述》的论文,该论文提出了变换的代数理论(数学的一个新分支)。

1845 年 6 月,布尔在剑桥举行的英国科学促进协会年会上宣读了一篇论文。活动期间他又结识了新朋友,如汤姆森(W. Thomson),即未来的开尔文勋爵。

没有中学学位的数学教授

布尔很想全心全意地研究数学，于是他在 1846 年申请皇后学院的教授职位。布尔知道他正在研究的代数可以应用于逻辑，尽

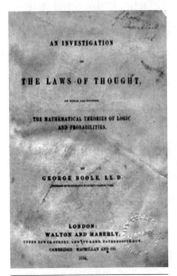

布尔的著作《思维规律的研究》

管他从未接受过数学方面的正式培训，但他还是对逻辑方法提出了新的想法。1847 年他的第一本书《逻辑的数学分析》(*The Mathematical Analysis of Logic*)出版，在书中他主张逻辑应该与数学联系起来，而不是与哲学联系起来。他的书获得了很高的评价，即使他没有大学学位，也于 1849 年被聘为皇后学院（现科克大学）的数学教授。在两年之内，他被任命为科学系主任。他还担任两届理学院院长并负责图书馆的工作。

虽然他的教书职务很繁重，但能够在学术海洋里遨游，对布尔来说是如鱼得水。

1854 年，当时布尔已 39 岁，他出版了《思维规律的研究》这部杰作，这是他最著名的著作。在这本书中布尔介绍了现在以他的名字命名的布尔代数，并以此建立了逻辑和概率的数学理论。布尔认为，逻辑中的各种命题能够使用数学符号来代表，并能依据规则推导出相应于逻辑问题的适当结论。布尔的逻辑代数理论建立在 2 种逻辑值"真""假"和 3 种逻辑关系"与""或""非"的基础上。这种理论为数字电子计算机的二进制、开关逻辑元件和逻辑电路

的设计铺平了道路。在此基础上，经过多年的研究，最终发展出现代计算机的理论基础——数理逻辑。

1855 年，布尔与学院的地理系同事乔治·埃弗里斯特（George Everest）的侄女玛丽（Mary）结婚。他鼓励妻子去上大学，玛丽就在皇后学院听数学课，她应该是爱尔兰第一个上大学的妇女。

1857 年，布尔被任命为皇家学会会员。

此外，他撰写了两本数学教科书：《微分方程讲义》（*Treatise on Differential Equations*）和《有限差分计算讲义》（*Treatise on the Calculus of Finite Differences*）。这两本书在英国一直被用作大学教材，直到 19 世纪末为止。

由于布尔讲课精彩，吸引了许多学生上课。他是全校学生最多的教授。他还要从事校内诸如图书馆的工作。他争取在闲暇时做研究，虽然不算高产，但也在去世之前的 15 年断断续续发表了 20 多篇论文。

布尔在到科克后第一封信中写道："我终于来到了我未来的工作现场，并采购了我认为可以在大学附近安顿下来需要的东西。周围的情况和前景都是可取的。利河在我们面前流经一座美丽的山谷，山谷的两面有许多村落，这在爱尔兰是一种与众不同的景象，而在郊区的别墅中，据我所知，科克到现在为止还是非常宜人的，确实是一个相当不错的城市。"由此看来处于事业上升期的布尔心情不错。

后来他写信给他以前在林肯郡的学生，告诉他们他是如何安顿下来的，并说了这些鼓励的话："如果

布尔的一张常见照片

我了解到您是个安心工作、忠实、听老师的话、对人友善和礼貌的好男孩，当我回到家乡时该多么高兴。请牢记：通过忠实、光荣的行为，您现在和以后都将增进自己的幸福。接受我最真心的问候……您的前任老师和亲切的朋友。附言，我将很荣幸收到你们的任何消息。"

布尔不仅是数学天才，而且还是一位值得称道的人道主义者。他参与了林肯郡开展的减少城市失足妇女的运动。

布尔获得了很多荣誉：1855年，被爱丁堡皇家学会授予基思奖章，1857年当选为英国皇家学会会员，1858年当选剑桥哲学学会荣誉会员，1859年获得牛津大学荣誉学位。

为什么布尔代数对计算机科学和数字电路如此重要？

1938年，在布尔死后74年，年仅22岁的香农（C. E. Shannon）在《继电器与开关电路的符号分析》（A Symbolic Analysis of Relay and Switching）中，将布尔代数与开关电路联系起来。在论文中，香农证明布尔代数是有用的，它可以简化电气开关和继电器的设计（就像当时的电话总机中使用的那样）。香农还表明，这种转换可以解决布尔代数问题。所有现代数字电路（主要是计算机）都使用此类代数来解决问题。这篇文章是他在麻省理工学院获得电气工程硕士学位的毕业论文。20世纪80年代，被誉为"多元智能理论之父"的哈佛大学教授加德纳（H. Gardner）曾经评论这篇文章："它可能是本世纪最重要、最著名的一篇硕士论文。"

香农是美国数学家、电气工程师和密码学家，被称为"信息论之父"。香农因其在1948年发表的具有里程碑意义的论文《通信的数学理论》（Mathematical Theory of Communication）中建立了信息论而闻名。在第二次世界大战期间，香农为国防密码分析领

不同时期的"信息论之父"香农

域做出了贡献，包括在密码破解和安全电信方面的基础工作。

布尔和他的夫人

布尔的夫人是玛丽·埃弗里斯特（Mary Everest，1832—1916）。她的父亲是一个牧师，叔叔乔治·埃弗里斯特是公派到印度的测量师，以前英国人以他的姓命名珠穆朗玛峰。她的舅舅赖亚尔（J. Ryall）是皇后学院副校长，通过他玛丽很小就认识了当时英国著名数学家巴贝奇（C. Babbage）。

当她5岁时，父亲带她到法国的普瓦西，聘请一位叫德普拉斯（Deplace）的家庭教师教她法文。她很喜欢这个老师的方法，以后也用同样的方法教导孩子。老师讲新的概念时，会用许多问题来引导，然后要她把答案写下来，然后他们一起看问题和答案，这样可以训练学生怎样问问题及寻找答案，这比直接告诉学生正确答案效果要好。

小玛丽很快掌握了英文和法文，7岁时她就自学欧几里得的《几何原本》，11岁时她就自学《代数学》。

她11岁时举家搬回英国，然后在她18岁时，家里请了35岁的布尔做她的家庭教师。接下来的两年里,乔治和玛丽的友谊不断增进。1852年,布尔在格洛斯特郡南部的一个小村庄威克沃拜访了玛丽的家人。在接下来的3年中他们很少见面,但在数学问题上继续保持讨论。由于她的全心协力,布尔在1854年完成了他的巨著《思维规律的研究》。1855年,玛丽的父亲突然去世,这使得玛丽家一贫如洗。虽然面临着年龄等障碍,但布尔与她日久生情。1855年9月11日,他们在威克沃的爱尔兰教区教堂悄悄结婚。之后这对新婚夫妇前往威尔士边境附近的怀河谷度蜜月。

接下来的9年,他们生育了5个女儿。玛丽了解丈夫的工作,除了照顾孩子,还成为他的秘书、编辑以及学术合作者。

1864年11月24日,布尔在倾盆大雨中从家走到大学给学生上课,走了大约3英里。他没有换湿衣服,因为体质虚弱,结果发烧了,导致肺部迅速感染。但作为信奉顺势疗法的玛丽持有非常规的医学信仰——汗尼曼的《相似规律》医疗法:玛丽在他身上浇了几大桶冰冷的水,并用湿毛毯包裹他。谁知布尔不胜风寒,病情恶化,最终在12月8日去世,年仅49岁。布尔死后被安葬在科克郡黑石镇的爱尔兰圣迈克尔教堂。

布尔的墓碑

伦敦一家报纸报道了布尔去世后布尔的家人贫穷的困境,他们在英国各地的朋友们纷纷捐款。丈夫去世之后,为了养家,玛丽到皇后学院——第一所接受女性的大学——当图书馆管理员,并成为非正式的教员。

丈夫去世后,玛丽努力继续丈夫的工作,并根据他的原则写了一些教育书籍。她越来越喜欢教书,不断思考怎样让孩子学数学。她把她的想法及理论写了第一本书《心理科学对母亲和保姆的信息》(*The Message of Psychic Science to Mothers and Nurses*),可她的一些新颖观点受到一个思想保守的教育人士反对,皇后学院也因此把她解雇了。

布尔的妻子玛丽

玛丽每星期天晚邀请各类人士来她的家聚会,与学生们讨论各种问题,她称为"星期日晚交谈"。50 岁时她写了一系列书和文章,讨论教书和教育的心理问题。她认为自己是数学心理师,学生则是她的研究对象。

玛丽著有许多作品,最著名的是关于数学方面的如《哲学和代数的乐趣》(*Philosophy and Fun of Algebra*)。该书以有趣的方式向孩子们解释了代数和逻辑,鼓励孩子们通过诸如曲线缝合之类的有趣活动来探索数学。《哲学和代数的乐趣》从一个寓言开始,到整段历史。她不仅引入历史,还包括哲学和文学,并以神秘的语气吸引孩子们的注意力。玛丽鼓励通过批判性思维和创造力来开动数学想象力,她认为反思性的日记写作和创建自己的公式对于增强理解至关重要。此外,合作学习也很重要,因为学生可以在同伴辅导的环境中彼此分享发现,并开发新的思想和方法。

　　玛丽在教育方面的进步思想体现在 1904 年出版的《儿童科学启蒙》(*The Preparation of the Child for Science*)中。同年，她出版了《算术的逻辑讲义》(*Lectures on the Logic of Arithmetic*)。这些书对 20 世纪初的进步教育运动有着重要影响。玛丽致力于推广丈夫的作品，并十分重视数学心理学。她支持这样一种观点，即数学并不像许多人认为的那样纯粹是抽象的，而是更拟人化的。女权主义者对她很感兴趣，将她作为妇女如何在不被欢迎的学术系统中从事学术研究的榜样。

　　丈夫去世后，玛丽寡居 50 多年，在 1916 年以 84 岁高龄去世。

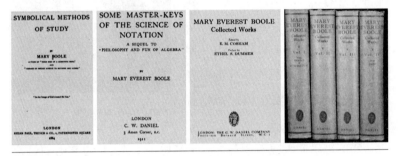

玛丽的一些著作

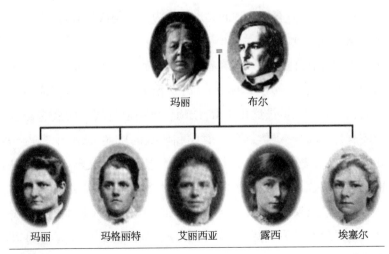

布尔和玛丽及 5 个女儿

布尔的后代

布尔的后代是一个神奇的家族。

大女儿玛丽·埃伦(Mary Ellen, 1856—1908),写过诗歌方面的书。她与数学家、科幻作家查尔斯·霍华德·欣顿(Charles Howard Hinton)结婚。欣顿创造了"超立方体"概念(一个可以在三维世界中看到的四维物体)。他们育有 4 个儿子:乔治(George)、埃里克(Eric)、威廉(William)和塞巴斯蒂安(Sebastian)。玛丽·埃伦在丈夫突然去世后,于 1908 年 5 月在华盛顿特区自杀。

长子乔治是一位冶金专家和植物收藏家。乔治的长子霍华德(Howard Everest Hinton)是一位昆虫学家,1961 年当选为皇家学会会士。霍华德的儿子杰弗里(Geoffrey Everest Hinton)名气就更大了,被称为"深度学习之父"。深度学习技术在围棋上打败李世石后大出风头,杰弗里因此在 2018 年获得图灵奖。

塞巴斯蒂安是儿童游戏用品野外攀爬架的发明人。塞巴斯蒂安有 3 个孩子:

(1)吉恩·欣顿(Jean Hinton)是和平主义者。

(2)威廉·欣顿(William H. Hinton)在 20 世纪 30 和 40 年代访问了中国。共产党的土地改革对其产生了影响。二战后他返回中国。他于 1966 年出版的《翻身:中国乡村的革命纪录片》一书,描述了他对西北边区的土地改革的观察。他有一个中文名字叫韩丁。

(3)琼·欣顿(Joan Hinton),中文名为寒春,曾为曼哈顿计划工作,从 1948 年起在中国居住,直至她于 2010 年 6 月 8 日去世。她与阳早(Sid Engst)结婚。

布尔夫人、女儿和部分孙辈

1941 年 12 月，美国制定了曼哈顿计划，联合了当时欧洲除德国外的著名科学家进行研究，主要有费米、玻尔、费曼、冯·诺伊曼、吴健雄、奥本海默、拉比（I. I. Rabi）、劳伦斯、尤里（H. C. Urey）、西博格（G. T. Seaborg）等。

寒春来自芝加哥大学核子物理研究所，是曼哈顿计划总负责人费米的学生，在洛斯阿拉莫斯国家实验室做费米的助手。当她看到她和同事们研制出的原子弹在广岛和长崎化成巨大的黑色蘑菇云腾空而起时，她所感到的不是自豪和荣耀，而是巨大的震惊、悔恨和被欺骗后的羞辱，自己的研究成果成了杀人武器，这一点对一直信守和平主义的寒春来说心如刀割。1948 年 3 月寒春决定离开自己热爱的核物理研究来到中国，临行前她向同学杨振宁告别。也在 3 月，寒春前往上海，在宋庆龄的帮助下与中国共产党建立了联系。寒春后来称此次中国之行是"一个梦想的破灭和另一个信仰的开始"。

她做出了一个决定——终生不再涉足物理领域。从此，她拒

绝了任何与物理相关的研究和教学,哪怕是在她深爱的中国。新中国成立后寒春并未参与核武器研制计划。

1955 年,寒春任西安草滩农场畜牧场的技术员。寒春、阳早夫妇两人共同从事奶牛品质改良及农机具革新工作。其中,他们研发、改进的奶牛青饲料铡草机已销售近 100 万台,至今仍是草滩农场乳品机械厂的主导产品之一。夫妇二人还成功地通过胚胎移植等技术培养出年产奶达 14 吨的优质乳牛(普通乳牛一年产奶仅 3~4 吨)。这种乳牛产的奶质量极佳,超过国际标准,是中国难得的优质奶源。2003 年,夫妇俩成功把年产奶量不足 7 000 千克的奶牛,改良为年产奶 9 088 千克、个别甚至超过 13 000 千克的奶牛,位居全国之首。

阳早在实验室

寒春的手上有一个终生的伤疤,那是她在实验室进行测试工作时不小心受伤造成的,当时她的同事杨振宁走进实验室,一不小心关错了电闸,电流瞬间通过她的实验台,正在进行实验的寒春被 50 万伏的高压电击中,差一点丧命。几十年后她对自己的儿子阳和平讲到此事仍心有余悸,说如果不是正好手背而是手心对着电线,估计那个时候就完蛋了。

阳早和寒春在延安

寒春和杨振宁

2003 年 12 月，寒春的丈夫阳早在北京病故，享年 85 岁。

2009 年，阳早和寒春入选感动中国组委会推出的 2009 感动中国候选人物。

2010 年 6 月 7 日凌晨 3 时，寒春因腹部疼痛在协和医院国际医疗部急诊室就诊。当天下午 6 时，寒春休克，丧失意识，6 月 8 日凌晨逝世，享年 89 岁。

布尔的二女儿玛格丽特（Margraet，1858—1935）与艺术家泰勒（E. I. Taylor）结婚。他们的大儿子杰弗里·英格拉姆·泰勒爵士（Sir Geoffrey Ingram Taylor）成了数学家，他是 20 世纪流体力学的泰斗，英国皇家学会会员。小儿子朱利安·泰勒（Julian Taylor）是一名外科教授。

布尔的三女儿艾丽西亚（Alicia，1860—1940）为四维几何做出了重要贡献。

艾丽西亚

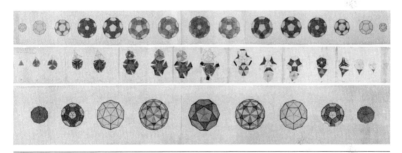

艾丽西亚研究正多面体时画的图

我们知道三维空间共有 5 种正多面体。那么，高维空间的类似物"正多面体"有几种呢？四维空间有 6 种（意外！），五维及以上是 3 种。这是一个十分出名的结果。艾丽西亚独立地发现了四维空间的 6 种"正多面体"。

艾丽西亚的儿子伦纳德·布尔·斯托特（Leonard Boole Stott）是医生和发明家，治疗结核病的先驱，还发明了便携式 X 射线机、气胸仪器和基于球坐标的导航系统。她的女儿玛丽·布尔·斯托特（Mary Boole Stott）是一位心理学家，在英国政府部门

埃塞尔

工作多年。

布尔的四女儿露西（Lucy，1862—1905）是英国第一位女化学教授，研究药物化学，终生未婚。

布尔的小女儿埃塞尔（Ethel，1864—1960）与波兰科学家、革命家伏尼契（W. M. Voynich）结婚，她是 5 个女儿中名气最大的，是著名小说《牛虻》（*The Gadfly*）的作者。埃塞尔·伏尼契认识恩格斯、赫尔岑、普列汉诺夫、马克思的大女儿爱伦娜等名人。晚年移居美国，从事音乐创作。

13 与小王子遨游不同的数学世界

——边优美树猜想Ⅱ之中国阶层树

孩子,我希望我们的研究就像黄河一样,上流是微小的溪流,但随着时间的推进,它将变成巨大的奔流。

——老爷爷对小王子讲的话

今天是 5 月 1 日劳动节,依据法国的习俗,人们会互赠铃兰。小王子给老爷爷带来了铃兰。老爷爷接过说:"谢谢,希望给我们带来幸运。"

早上太阳有些炎热,老爷爷脱了上衣在院子的石桌上写东西。

小王子来到老爷爷身旁说:"老爷爷,您不怕太阳把您的身体晒焦吗?"

老爷爷笑着说:"孩子,我的老骨头因缺钙而骨质疏松,需要照射一点紫外线,让皮肤生产点维生素 D,这样便于吸收钙质。

孩子,在 2 000 多年前有一个战国时期的哲学家列子在他的书中记载一个宋国农夫的故事:农夫很贫穷，只靠穿粗麻衣勉强过冬。冬去春来，天气变得温暖，他脱光衣服在太阳下晒，他没有见过漂亮保暖的大衣和高大挡风的房子，因此他觉得这是个取暖的好办法。于是对妻子说想把这个方法献给国王。

我就是学习这个农夫的方法，享受春天那温暖的阳光。"

"老爷爷不要晒得过度，小心得皮肤癌！"

"孩子，中国人用'野人献曝'这个成语来表达一个见识浅薄的平凡人，提供的没有价值的提议。"

"老爷爷，这个农民的出发点是好的。他这个方法可以治疗老人的骨质疏松症！"

"孩子，今天我就扮演那位古代的老农，提出一点在边优美树猜想的工作，希望这个看似平凡无奇的知识，对解决整个猜想有一些帮助。"

"老爷爷，请您快些讲，让我早一点认识更多相关的知识。"

"我说过在 1988 年我写了一篇论文《关于边优美树猜想》（A Conjecture on Edge-Graceful Trees）作为献给巴西的德国裔数学家弗鲁赫特（R. Frucht）的 80 岁生日礼物。

弗鲁赫特在 1931 年获得柏林大学的博士学位，是数论专家舒尔（I. Schur）及比伯巴赫（L. Bierberbach）的学生。

弗鲁赫特在 20 世纪 30 年代第一个证明了任何群可以表示为图的自同构群。

20 世纪 80 年代他的一个智利学生想来美国和我一起做优美图的研究，可惜这位学生在获得博士学位回智利后，不幸溺水去世。

我想讲关于我的猜想的一个结果：

[定理 1]　所有的奇阶中国等级树都是边优美的。"

"老爷爷，什么是中国等级树？请您解释一下。"

"你记得我曾对你讲过梳子图 Comb(n) 和 P_2 的一点连结图

有 3 个漂亮的边优美标号。下面是 $n=3$ 的情形：

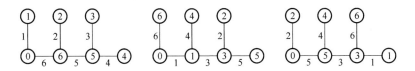

我现在对它另外安排。把 u_1 攥住，让其他的点随着重力下降，于是就有如下同构的树：

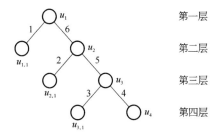

我把最上层的 u_1 叫'根'（root，法文：racine），这是一个有阶层（level）的树，对于 $T_1E(3)$ 呈现 4 个阶层。如果我们叫上层的元素为'父亲'，下层就是'儿子'，第三层就是第一层的'孙子'。因此这个树有'四代同堂'的'子孙'。

你现在观察它的标号：

$$p(T_1E(3))=7, \quad q(T_1E(3))=6,$$

$$[6]=\{1, 2, 3, 4, 5, 6\},$$

$$1+6=7, \quad 2+5=7, \quad 3+4=7,$$

它们对 mod 7 结果是 0。

因此你看 u_1 顶点标号是 0。

$u_{1,1}$ 标号是 1，而 u_2 的标号是 $2+5+6\equiv6\pmod 7$。

$u_{2,1}$ 标号是 2，而 u_3 的标号是 $3+5+4\equiv5\pmod 7$。

$u_{3,1}$ 标号是 3，而 u_4 的标号是 4。

从这里我们明显得到一个边优美标号。

你观察一下，上一层的顶点与下一层的顶点有什么关系？"

小王子观察后说："'上一代'有0个'后裔'或2个'儿子'。"

"对。因此我想到传说中国人喜欢有两个以上的孩子，我就以开玩笑的方式命名。

[定义1]　一个有阶层的树是中国阶层树，如果对每一个层的顶点u，它的下一层的'孩子'的个数是0或者是大于1的个数。

[例1]　$p=15$，

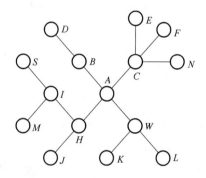

我取B为根，将它摇一摇，得到如下同构的树：

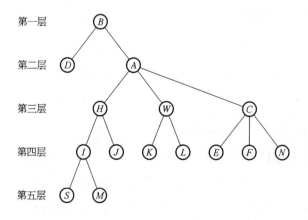

你看D,J,K,L,E,F,N,S,M都没有'下一代'。

B 有 2 个'孩子'：$\{A, D\}$。

A 有 3 个'孩子'：$\{H, W, C\}$。

H 有 2 个'孩子'：$\{I, J\}$。

W 有 2 个'孩子'：$\{K, L\}$。

C 有 3 个'孩子'：$\{E, F, N\}$。

I 有 2 个'孩子'：$\{S, M\}$。

我现在对有'下一代'的顶点赋予重量（height）w_B，w_A，w_H，w_W，w_C，$w_I \geqslant 1$。

我要使这些重量加起来等于

$$\frac{p-1}{2} = \frac{15-1}{2} = 7,$$

例如 $(w_B, w_A, w_H, w_W, w_C, w_I) = (1, 1, 1, 1, 2, 1)$。

根据顶点的重量，我要在它的'儿子'的边上给予 $[q] = \{1, 2, \cdots, 14\}$ 的标号。

对于 B 的 2 个边 BD，BA，我标上 1，14。

对于 A 的 3 个边 AH，AW，AC，我从 $[q] \backslash \{1, 14\}$ 选取 a_1，a_2，a_3，使得 $a_1 + a_2 + a_3 = 15$，我挑选 2，4，9。

对于 H 的 2 个边 HI，HJ，

我从 $\{3, 5, 6, 7, 8, 10, 11, 12, 13\}$ 选取 3，12。

对于 W 的两个边 WK，WL，我从 $\{5, 6, 7, 8, 10, 11, 13\}$ 选取 5，10。

对于 C 的 CE，CF，CN，我选 $\{6, 7, 8, 11, 13\}$ 里的 6，11，13，因为 $6 + 11 + 13 = 30$。

对于 I 的 IS，IM，我标上 $\{7, 8\}$。

你看我得到它的边优美标号。

我可以试试这个方法去找下面树的标号。

[例 2] $p = 11$，

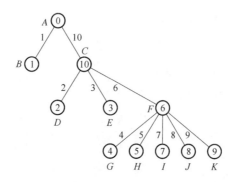

$$[10]=\{1, 2, 3, 4, 5, 6, 7, 8, 9, 10\}, \frac{p-1}{2}=\frac{11-1}{2}=5,$$

A，C，F 有'下一代'，我给重量

$$(w_A, w_B, w_C)=(1, 1, 3),$$

根据顶点的重量，我要在它的'儿子'的边上给予 $[q]=\{1$，2，…，$10\}$ 的标号。

对于 A 的 2 个边 AB，AC 标上 1，10。

对于 C 的 3 个边 CD，CE，CF，我从 $[q]\backslash\{1, 10\}$ 选取 a_1，a_2，a_3，使得 $a_1+a_2+a_3=11$，我挑选 2，3，6。

对于 F 的 5 个边 FG, FH, FI, FJ, FK，我选取 4,5,7,8,9。

我得到它的边优美标号。

[**例 3**]　同样是 $p=11$ 的同一个图，

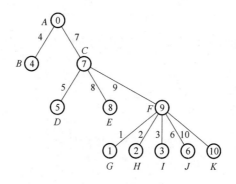

$$[10] = \{1, 2, 3, 4, 5, 6, 7, 8, 9, 10\}, \quad \frac{p-1}{2} = \frac{11-1}{2} = 5$$

A，C，F 有'下一代'，我给重量

$$(w_A, w_C, w_F) = (1, 2, 2)$$

根据顶点的重量，我要在它的'儿子'的边上给予 $[q] = \{1, 2, \cdots, 10\}$ 的标号。

对于 A 的 2 个边 AB，AC 标上 4，7。

对于 C 的 3 个边 CD，CE，CF，我从 $[q]\backslash\{1, 10\}$ 选取 a_1，a_2，a_3，使得 $a_1 + a_2 + a_3 = 22$，我挑选 $5, 8, 9$。

对于 F 的 5 个边 FG, FH, FI, FJ, FK，我选取 $1, 2, 3, 6, 10$。

我得到它另外的边优美标号。"

"啊，我明白了，所有的奇阶树如果有个顶点有偶数个'孩子'，它一定是边优美的。

这就包括所有 $T_1E(n)$ 都是边优美的结果，以及 $P_{2k+1} \odot N_2$ 是边优美。

您这个结果真是太奇妙了！"

"然而，当阶层树只有一个'孩子'就麻烦了。"

"老爷爷，P_n 是阶层树只有一个孩子，它的证明并不麻烦呀！"

"是的，可是对于这样的蜘蛛图 $SP(1^{[k]}, n)$ 并不是很明显。你回去研究后再报告给我。"

"好，谢谢老爷爷今天告诉我这个美丽的定理。"

"你现在会知道对于一个无穷的问题，这只是很小的一个结果。我们仍然还有许多工作要做，我们只能尽力而为。"

"老爷爷，再见。"

小王子给老爷爷一个拥抱就飞走了。

14 与小王子遨游不同的数学世界

——超边优美图 I

"老爷爷,您的边优美树猜想看来简单,但却不容易证明。"

"是的,匈牙利裔数学家厄多斯(P. Erdös)曾与我花两个小时都没法子解决。他承认这是一个明显的难题。"

"那怎么办呢?"

"孩子,今天我想向你介绍一种类似边优美标号的理论。这是我的同事米切姆(J. Mitchem)在1990年去非洲博茨瓦纳大学休假时与一位来自英国的访问学者西莫森(A. Simoson)教授一起创立的。

西莫森

他们当时计划解决我的奇阶树是边优美的猜想,结果引导出另外的概念——超边优美(super edge-graceful)。而这个概念对研究树的猜想的确是比边优美有用。"

"老爷爷,那是什么概念? 有什么神奇的地方?"

"它的定义有些奇怪。好,现在你看,

[定义 1] 令

$$
P = \begin{cases} \left\{-\dfrac{p}{2}, -\dfrac{p}{2}+1, \cdots, -1, 1, \cdots, \dfrac{p}{2}\right\}, & p \text{ 是偶数} \\[3mm] \left\{-\dfrac{p-1}{2}, -\dfrac{p-1}{2}+1, \cdots, -1, 0, 1, \cdots, \dfrac{p-1}{2}\right\}, & p \text{ 是奇数} \end{cases}
$$

$$
Q = \begin{cases} \left\{-\dfrac{q}{2}, -\dfrac{q}{2}+1, \cdots, -1, 1, \cdots, \dfrac{q}{2}\right\}, & q \text{ 是偶数} \\[3mm] \left\{-\dfrac{q-1}{2}, -\dfrac{q-1}{2}+1, \cdots, -1, 0, 1, \cdots, \dfrac{q-1}{2}\right\}, & q \text{ 是奇数} \end{cases}
$$

因 $G=(V, E)$ $p=|V|$, $q=|E|$ 称为超边优美。如果存在一个双射

$$
f : E \to Q
$$

使得它的导出映射 $f^+ : V \to p$,

$$
f^+(u) = \sum \{f(u, v) : (u, v) \in E\}
$$

是一个双射。"

[例 1] P_3 是超边优美。$p(P_3)=3$, $q(P_3)=2$。

[例 2] P_6 是超边优美。$p(P_6)=6$, $q(P_6)=5$。

对于所有边优美图集合,以及所有超边优美图集合,老爷爷画

出如下的范氏图：

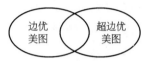

他说："孩子，这两个集合是不一样的。你看

[例3] K_4 是边优美图，

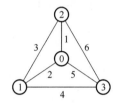

可是它却不在超边优美图集里。"

"老爷爷，你能解释为什么 K_4 不是在超边优美图集里吗？"

"你看 $p(K_4) = 4$，$q(K_4) = 6$。因此 $P = \{+1, -1, +2, -2\}$，$Q = \{-3, -2, -1, 1, 2, 3\}$，

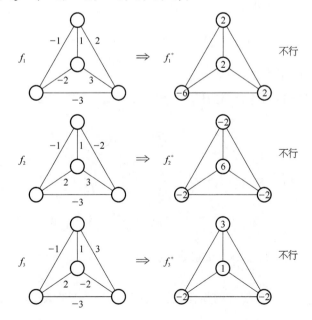

你看到了吧。"

"老爷爷,有没有既不是边优美也不是超边优美的图呢?"

"最简单的是 P_2。另外一个是 P_4。但是 $P_{2k}(k \geqslant 3)$ 都是超边优美。这是美国 4 位数学家证明的。"

"有没有 2－正则图(即每点出发 2 条边)不是边优美和超边优美?"

"有。我证明 $C_3 \bigcup C_4$ 不是边优美,同时它也不是超边优美。你可考虑:

[研究课题 1]　什么 2－正则图既非边优美亦非超边优美?奇怪的是 $C_3 \bigcup C_{2k}$,$k \geqslant 3$ 之后都会是超边优美。

[例 4]　$C_3 \bigcup C_6$ 和 $C_3 \bigcup C_8$ 是超边优美:

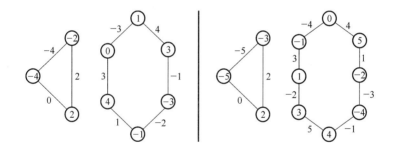

看到吧。"

但是 K_5 既是边优美,又是超边优美。

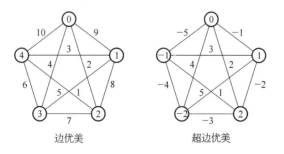

边优美　　　　　　　超边优美

"老爷爷,有没有 G 是边优美但非超边优美?"

"啊！P_6 不是边优美，但它是超边优美。以后我们会看到更多的例子。"

"老爷爷，刚才您提起 P_6 是边优美但非超边优美。我想我可以构造无穷多的例子。我有如下：

[定理 1] $OU((St(2k_1), c_2, C_3)$ 是边优美但非超边优美，$\forall k_1 \geqslant 1$。

您看 $p(OU((St(2k_1), c_2, C_3)) = 2k_1 + 4$，因此它不会是边优美。但是我可以这样标号：

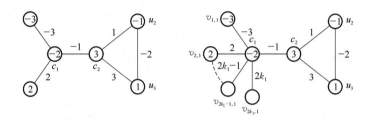

所以是超边优美。"

15 与小王子遨游不同的数学世界

——超边优美图 Ⅱ

"就像法国数学家庞加莱(J. H. Poincaré)讲的那样:'数学家对于美,往往有他们的独特见解,他们重视方法和理论是否优美,这并非华而不实的作风。那么,究竟怎么样的一种解答或证明算是优美呢? 那就是各个部分之间的和谐、对称,以及恰到好处的平衡。一句话,就是井然有序、统一协调。'边优美理论和超边优美理论也是这样。"

"老爷爷,今天我们就在超边优美而非边优美图里讨论。

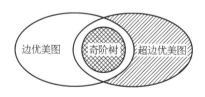

你有什么可以值得研究的问题?"

"孩子,单单这方面就有无穷多可以考虑的问题。先让我说一个我的'猜想':所有的奇阶单圈图都是边优美。

而我还有更强的'强猜想':所有的奇阶单圈图都是超边优美。

[**例1**] C_3 是超边优美:

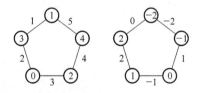

由此我可以得到许多奇阶 C_3 单圈图是超边优美,特别是边优美。

但是有偶阶的超边优美图不是边优美图。

你看下例。

[**例2**] C_5 是边优美和超边优美,

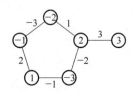

下图不是边优美,却是超边优美,

从以上的例子出发,我们可以得无穷多超边优美的偶阶 C_5 单圈图,

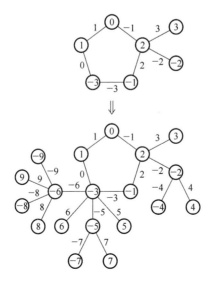

这些都是在超边优美而不在边优美图集里。"

"哇!真的要研究超边优美理论是比边优美理论更加优越。人们常说'买一送一',而超边优美是'得一送无穷'。"

"是的,的确如此。你看如下是一个 7 阶的 C_5 单圈图。

[例 3]

由此可以得到无穷多的奇阶 C_5 单圈超边优美图,而它们都不是边优美的。"

"老爷爷,现在我们有奇阶的例子。有没有偶阶的例子呢?"

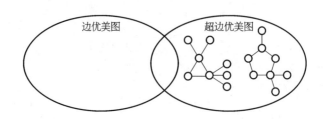

"有,你看下面的例子。

[例 4]

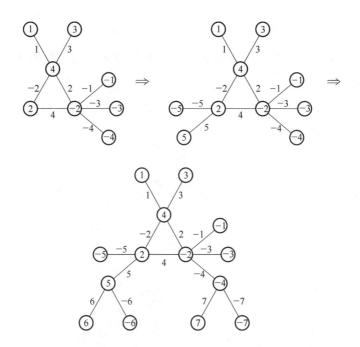

由此有无穷多的偶阶 C_3 单圈图。

同样我在 C_5 单圈图有类似的结果。

[例 5]

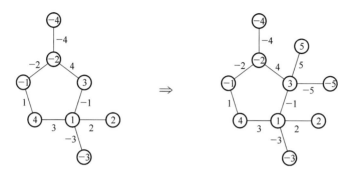

这些都是例子。"

"老爷爷,您上次说 $K_4 \backslash e$ 是边优美而不是超边优美。您还有没有其他的例子呢?"

"对。$K_4 \backslash e$ 是边优美,我可以给两个不同的标号

$$p(K_4 \backslash e) = 4, \quad q(K_4 \backslash e) = 5,$$

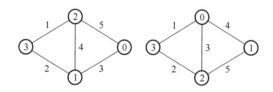

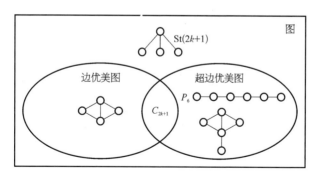

我现在画个图,可是它的一点连图 $OU(K_4 \backslash e, P_2)$ 是超边优美。

[**例 6**]

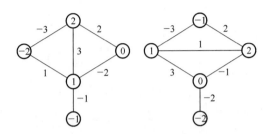

孩子,这个 $K_4 \backslash e$ 图,事实上是 P_4 的平方图(2nd power)。让我们看平方图的定义:

[**定义 1**]　图 $G=(V, E)$ 的平方图,用 G^2 表示是指

$$V(G^2)=V(G)$$
$$E(G^2)=E(G) \bigcup \{(u, v); \mathrm{d}(u, v)=2\}$$

[**例 7**]　C_4, C_5, C_6 的平方图如下:

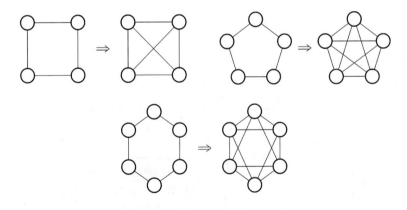

[**例 8**]　P_3^2, P_4^2, P_5^2, P_6^2 如下:

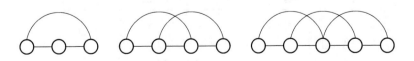

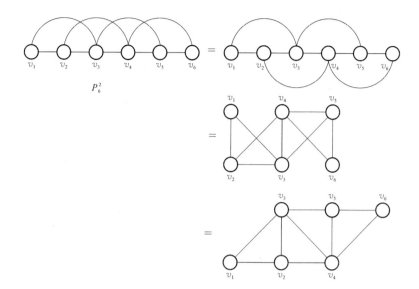

在 1988 年我和谢声忠及王炳乾证明：

[**定理 1**] P_n^2 是边优美当且仅当 $n = 3，4，12$。"

"为什么会这么少呢？"

"罗生平有一个边优美的必要条件：一个 p 个顶点、q 条边的图是边优美，则 $p，q$ 满足 p 能整除 $q^2 + q - \dfrac{p(p-1)}{2}$。"

现在我们看 $p(P_n^2) = n$，$q(P_n^2) = 2n - 3$。如果 P_n^2 是边优美，由罗生平条件就有 n 整除 $6 - \dfrac{n(n-1)}{2}$。

[**情形 1**] n 是奇数，$\dfrac{n-1}{2}$ 是整数，所以 n 是 6 的因数，从而 $n = 1$ 或 3。

[**情形 2**] n 是偶数，假定 $n = 2k$，k 可整除 6，可得 $k = 2$ 或 6。我们看到 $n = 3，4$ 有边优美标号：

 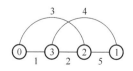

$n = 12$，P_{12}^2 有如下所示的边优美标号：

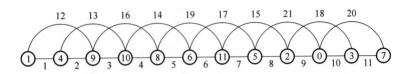

"哇！这个 P_{12}^2 的标号不容易得到！"

"是的。没有借助计算机的计算，这个标号是不容易取得。我现在想让你看 P_5^2，P_6^2 及 P_7^2，P_8^2 是否超边优美?"

老爷爷取了一本记事簿，翻看一下就画了如下的图：

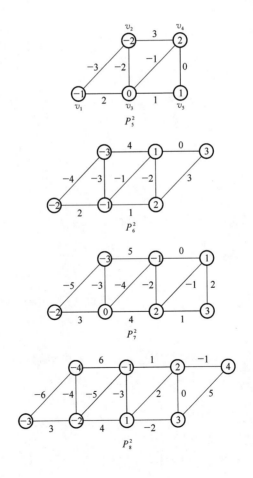

"你看这些都不是边优美,但却是超边优美。

我给你两个研究课题:

[**研究课题 1**]　C_n^2 有哪一些是边优美?

[**研究课题 2**]　C_n^2 有哪一些是超边优美?

你下次再报告给我。"

"老爷爷,您还有什么可以给我分享?"

"P_4^2 有奇怪的性质:它本身不是超边优美,但加上一个或一个以上的悬挂点之后,就会变成超边优美。

[**例 9**]

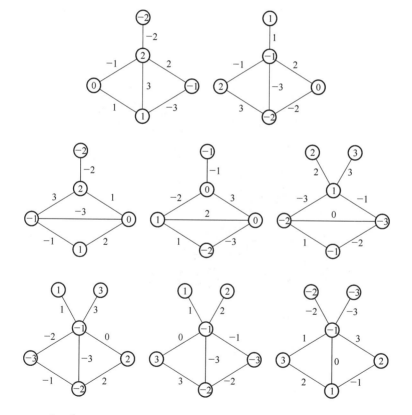

从 P_4^2 再加一些悬挂点也就可以得到无穷多的超边优美图。"

"啊! 这真是神妙的地方。"

"孩子，最后我布置一个课题：

[**研究课题 3**] 证明 P_n^2 , $n \geqslant 9$ 之后都是超边优美图。

我觉得应该有容易的证明方法，你试试寻找。"

"老爷爷，谢谢您提供这些让我思考的问题。我想尽量解决它们。"

"孩子，不必太勉强自己。以轻松的态度，思索你认为有兴趣的问题。就算现在没法子解决也不要紧，只要持之有恒，迟早会有结果。

我的母校哥伦比亚大学有一位叫杜威(J. Dewey, 1859. 10. 20—1952. 6. 1)的教授，他是 20 世纪前期最伟大的教育家之一，一个无神论者、人文主义者。他还是胡适、陶行知的老师，常常处在为有色人种与妇女争取平等权利的第一线。

杜威

他说：'失败是一种教育，知道什么是思索的人，不管他成功或失败，都能学到很多东西。'

你要在失败中前进，逐步走向成功。"

"谢谢老爷爷的鼓励。再见了。"

小王子与老爷爷吻别就飞走了。

16 从数学家到亿万富翁

——詹姆斯·西蒙斯

我不是世上最机敏的人，要是参加数学奥林匹克竞赛，我的表现也不会特别好。可我喜欢琢磨，在心里琢磨事，也就是反反复复地思考某些事。事实证明，那是种很棒的方法。

——詹姆斯·西蒙斯

有一件我经常做的事就是尝试一些新的事情。我经常喜欢尝试一些新的事情，我不想和大部队一起跑，其中一个原因就是我跑得太慢了。如果 N 个人在不同的地方但是在同一时间做同一件事，对于我，我想我会成为最后一个做完事情的人，我绝对不会赢得这场比赛。但是如果你在同一时间要去想一个新的问题，或者有一种和其他人不同的新的方法，也许那会给我一个机会。所以，尝试着做一些新的事情。其次，尽你所能和最优秀的人合作。当你发现一个很不错的人，并且能够与你一起合作，做一些不寻常的事,你要尝试着找一些方法一起去做,因为这会扩大你的视野,让你从中得到一些好处,而且和很棒的人一起工作也很有意思。

——詹姆斯·西蒙斯

交易要像壁虎一样,平时趴在墙上一动不动,蚊子一旦出现就迅速将其吃掉,然后恢复平静,等待下一个机会。

——詹姆斯·西蒙斯的"壁虎理论"

在 2007 年"华尔街最会赚钱的基金经理"排行榜中,詹姆斯·哈里斯·西蒙斯(James Harris Simons, 1938—　)这位 69 岁的数学大师以年收入 13 亿美元,位列第五。

詹姆斯·哈里斯·西蒙斯

西蒙斯在 2008 年大概获得了 25 亿美元,他的身价大约是 85 亿美元,在《福布斯全球富豪榜》中排名第 80 位,"全美最富有的人"排名第 29 位。他被《金融时报》(*Financial Times*)评为"地球上最聪明的亿万富翁"。

2010 年,《福布斯》(*Forbes*)杂志将西蒙斯评为全球排名第 93

位的巨富,谷歌的董事长埃里克·施密特(Eric Emerson Schmidt)和特斯拉电动车的创始人埃隆·马斯克(Elon Reeve Musk)都被他甩在身后。

2019 年 10 月,西蒙斯位列《福布斯美国 400 富豪榜》第 21 名。

2020 年,西蒙斯以 235 亿美元财富位列《2020 福布斯美国富豪榜》第 23 位。

2022 年,西蒙斯的财富已达 286 亿美元。

1938 年西蒙斯出生于美国波士顿市,家庭非常富有,幼时接受了很好的教育。仅仅 3 岁的时候,西蒙斯就对数学产生了兴趣,并展现出惊人的数学天赋。据西蒙斯本人透露,他从小酷爱数学和逻辑推理。就算躺在床上,脑子里想的也都是怎样用清晰明确的方式把指令"传递下去"。有一次,西蒙斯观察了父亲汽车的油箱,产生了一个有趣的想法——汽车中的汽油永远不会用完:假如每次只用掉油箱中油量的一半,那么还会剩下另一半油料,如此无穷无尽地类推,最后油箱里肯定还是会有油的——这种想法已经和数学上著名的"芝诺悖论"极为相似。芝诺悖论说的是,一个人从 A 点走到 B 点,要先走完路程的 1/2,再走完剩下总路程的 1/2,再走完剩下的 1/2……如此循环下去,永远不能到终点。

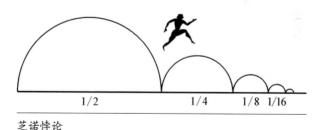

芝诺悖论

14 岁那年,西蒙斯在圣诞假期找到一份临时工作,给一家园艺装备店管理库房。但没多久,因为一再忘记库存情况,店里就打发他去扫地了。

那个假期结束的时候,西蒙斯告诉店里的同事,自己想去附近

的麻省理工学院（MIT）学数学。店老板当时还大吃一惊。

那位老板哪里知道，MIT正是西蒙斯学霸角色进阶的跳板。凭着优异的考试成绩和一位高中导师的推荐，西蒙斯得以进入那所名校，3年后顺利毕业。又过了3年，他取得加利福尼亚大学伯克利分校的博士学位。

名校出身的顶级科学家普遍带着点知识分子气质，给人一种距离感。可是，即使此后荣誉加身，西蒙斯也丝毫不摆架子，大家

年轻时期的西蒙斯

叫他吉姆，一个简单又普通的称呼。

麻省理工学院和哈佛大学的数学系教授

当时，西蒙斯是奔着加州大学伯克利分校的华裔数学教授、"微分几何之父"陈省身去的，不料陈省身正好离开了美国，西蒙斯就自己看书钻研微分几何。4年后，年仅24岁的西蒙斯就拿到了博士学位，随即被聘为麻省理工学院和哈佛大学的数学系教授。

在哈佛大学任教期间，西蒙斯并不安分，他喜欢做一些冒险的事情，在同学的介绍下，西蒙斯开始接触股票投资，尝试做了一些大豆和瓷砖相关股票的交易，但结果并不理想。西蒙斯回忆：

我的职业生涯在那里发生了转折。我那个时候遇见了沃

伦·安布罗斯(Warren Ambrose)，一个非常喜欢启发人的数学家，可能学校有一些老员工还记得他。那个时候我还不认识伊萨多·辛格(Isadore Singer)，不过我还记得在校园某个角落有这样的房间，我知道它在 1971 年就消失了。那是1956 年或 1957 年左右，这个房间在早上开放，我们有时候去那儿吃个三明治什么的。有一天凌晨，安布罗斯突然走了进来，还有辛格也和他在一起，那个时候安布罗斯差不多 50 岁。他们进来，穿得像孩子似的，围着桌子坐下来，忙着讨论数学工作。我想这是世界上最酷的一件事了。这是怎样的一种惬意的生活呀！早上来到这里，和你的朋友一起一边喝咖啡一边研究数学，那个时候他们可能还会抽几支烟，我已经记不太清楚了，那似乎是世界上最好的职业。

于是我追求了这样一种职业。是的，我是经常打扑克，除了安布罗斯和辛格，我还在 MIT 交了另外两个朋友，是两个来自不列颠哥伦比亚的男孩。当我们毕业的时候，有人曾问过我，我们那个时候是否真的骑着摩托车去了巴西。其实，那差一点就成了事实，我和我的哥伦比亚朋友骑着小型摩托车从波士顿去了波哥大(哥伦比亚首都)，那次旅行我能够活下来真是个奇迹！但是我们的确抵达了哥伦比亚，这件事对我产生了很大的影响。因为我从来都没想过我有一天会去加拿大，而现在我居然到了哥伦比亚。在那个时候，波哥大还是个不发达的城市，那个时候你似乎能够做任何事情，任何的商业都有可能在哥伦比亚变得繁荣起来，因为那个时候那里还没有这些商业活动。另外，这些和我一起在 MIT 读书的男孩子们是非常聪明的，我之所以知道是因为他们经常在玩扑克的时候赢我，他们很可能会成为很成功的商人，而结果也正如我所料。

不管怎样，我毕业之后去伯克利读了博士，在那里我遇到了我的论文导师伯格·卡斯特(Berg Kaster)，他教会了我很多东西，然后我回到 MIT 来教书。后来我说服了我的哥伦比亚朋友，我认为他们应该开始做一些生意，因为他们天生就应该干这一行，而且我之后也会"下海"。我后来的确照做了，但是直到我们发现一些其他可以着手做的生意的时候我才会离开。那个时候我没有钱，也没有名，现在想来可能不行。无论如何，他们不想抛弃我。然而在那两个星期里，我们的确找到了一些可以做的生意。我开始做了一个生意并且赚了一些钱，我父亲当时也投资了一些钱，那些钱后来为我职业生涯的转变奠定了基础。我在 MIT 教书的时候，通过借钱对我的生意做投资。几年过去了，我需要开始还贷，就像所有其他的企业刚刚起步一样，我们开始期望 18 个月以后就可以有红利可分，我们对自己的公司抱了太高的期望。不过我们最终还是得到了红利，但那是在几年之后，不过红利的数目还是相当可观的。

加入美国国防部分析军事情报

1964 年，26 岁的西蒙斯又迷上了逻辑学，他离开哈佛大学，加入了美国国防部，闯入情报界，摇身变为用数学代码分析军事情报的特工。

1967 年，退役的四星陆军上将泰勒(M. Taylor)在《纽约时报》的杂志版面发表了一篇文章，为美国介入越南战争辩护。

持反对立场的西蒙斯一点没给泰勒面子，把自己的回应登在《时代》杂志上，在文章中警告争斗会"削弱我们的安全性"，敦促美国军方做出可能是史上规模最大的撤军决定。

表面看来，公开在《时代》上反驳一位老将军只是西蒙斯借助主流媒体表达个人观点。外人不知道，那是他冒着丢饭碗的风险公然与上司唱反调。

原来，泰勒是西蒙斯从事情报工作的上级。因为毫不避讳地坚持反战，西蒙斯在《时代》发文后，领导很不高兴，就把他开除了。这个时候西蒙斯 29 岁，不过已经有了 3 个孩子。

40 多年后，已是古稀老人的西蒙斯这样回忆那段涉足秘密领域的日子：

一张 1998 年在纽约州立大学石溪分校举行的会议的海报，展示了西蒙斯早年在那里的情景

我需要还掉一部分债务，所以我去了位于新泽西普林斯顿的美国国防分析研究所，那个时候分析研究所还是普林斯顿大学校园相连的一个部分，但是他们做的是政府的秘密工作，付的工资很高，而且你可以有一半时间做自己的数学研究，另一半时间帮他们做事。不管是什么事，都要使用电脑，那是个秘密，我不想在这里讨论这些。他们知道，我也知道。我喜欢这件事，也很喜欢这份工作，况且我做的也不差。我很喜欢设计模型，然后它们被写成程序。当然程序不是我写的，不知道是哪个人写的，我把编成的程序对这些模型进行测试，看看哪些有用哪些没用。那个时候我的数学研究做得也相当不错，在那里的最后一段时期我还获得了维布伦几何奖，我解决了一个几何学上比较重要的问题，我的一切都进展得很顺利。

然而，那个时候正在进行越南战争。这个机构的主席，他的职位在我当地的老板的上面两级，他写了一篇关于这次战争的很激进的文章，反正我觉得是比较激进的，刊登在了《纽约时报》的杂志版上，说的是我们会怎样赢得这场战争，说是胜利已经不远了，都是类似这些的事情，我不大同意他的看法，我们做的工作与越南战争无关，但是我对于我们的"头头"写了这样一篇文章觉得很不自在，所以我后来给纽约《时代》周刊写了一封信，表达了我的观点，结果他们发表了，几个星期后刊登在同样的周末版上。我于是被列在了"监视名单"上，我自己甚至都不知道我被列上了"监视名单"。几个月后有一个人来找我，他是新闻杂志的一个报道员，他在写一篇关于那些在国防分析研究所工作但是反对这次战争的人的文章，他正在为找一个合适的人做采访而发愁，直到他听说了我。

他读了我的文章，并且问我他是否可以采访我。我说当然可以！你们可以看得出我当时是个多么"精通世故"的人（反语）！他问我做什么工作，我如实回答了他。我说既然他们说可以允许我一半时间帮他们工作，一半时间做我自己的数学研究，那我的原则就是在现在我完全只做我自己的研究，不过我会记录下时间的利用情况，等战争结束了我将会花同样多的时间去做他们的工作，这就是我的工作方法。我觉得这个回答其实很合理。

后来我回去告诉了我当地的老板，我做了一件比较聪明的事，只是有些说晚了，那就是告诉我的当地的老板说我接受了这次采访。我的老板问我，你真的接受采访了？你都说了些什么？我回答说我说了哪些。他说我最好给泰勒打个电话，他拿起了电话打给了总负责人泰勒，但是电话那边没有声音，他没听到泰勒说什么，他挂掉了电话说："你被解雇了。""什么，我被解雇了？""是的，你被解雇了。"这是我第一次也是最后一次被解雇。我说我是个"永久成员",那是我的头衔。他说让他来告诉我这之间的区别,当我开始工作的时候我是个"暂时性成员",但是当我被解雇后,我就会成为一个"永久成员"。"暂时性成员"有个合约。我想恐怕的确是这样,当我开始工作的时候我要签一份合约,但当我被解雇的时候,我不需要签什么合约。所以那是我不太顺的一年,但是我并没有很焦虑。

纽约州立大学石溪分校的数学系主任

美国媒体关于越南战争的残酷报道让西蒙斯意识到,自己的工作实际上正在帮助美军侵略越南,反战的西蒙斯索性又回到了大学校园,离开国防分析研究所以后,西蒙斯义无反顾地投入数学的怀抱。他不再像小时候那样仅限于在脑子里反复琢磨,而是走上台前,应聘纽约州立大学石溪分校的数学系主任。在那里,西蒙斯总算是潜下心来做了 8 年的纯粹的学术研究。

西蒙斯回忆说:"那个系当时不咋地。面试的时候,教务长对我说:'西蒙斯博士,我必须告诉你,你是我们面试这个职位以来遇到的第一个真正想要这份工作的人。'我回答:'我想做这份工作,我想。这听起来挺有意思。'确实有意思,我去了那儿,把那个系建设得很好。"

挑起了振兴数学系的重任,西蒙斯的数学研究也如鱼得水。

1974 年,西蒙斯与曾经的偶像陈省身合作联合发表论文《典型群和几何不变式》,创立著名的"陈—西蒙斯规范理论",该理论被广泛应用于理论物理学,用数学理论证实了爱因斯坦相对论描述的扭曲空间确实存在,对宇宙研究很有帮助。因此,西蒙斯于1976 年获得了维布伦几何奖,成了一位世界级的数学家。这是美国数学界的最高荣誉。维布伦几何奖每 5 年评出一次，是几何学界的诺贝尔奖，这一年他 38 岁。这项几何学的最高荣誉自然为西蒙斯所在的数学系增光添彩。那篇论文发表 50 年来，科学家利用那些方程界定了许多不为人知的现代物理学领域，从超弦到黑洞，各种先进的理论无所不包。

时至今日，西蒙斯的办公室里还有一面墙，墙上挂的画框展示了他的一项学术成就：人称"陈-西蒙斯理论"的一些方程式。它们都出自西蒙斯与陈省身共同撰写的论文。

投身商业

在石溪分校的日子里，西蒙斯百无聊赖，开始鼓捣金融交易，第一个接触的就是期货，据说本钱是他第一次结婚时收的礼金，然后还在大豆期货交易里赚了点钱。不过西蒙斯的第一桶金不是来自这里，而是和几个同学开的一家聚乙烯木板厂，他赚了一大笔后又拿这笔钱去买基金，短时间就翻了好几倍。当然这个时候西蒙斯完全可以颐养天年，每年参加一些学术界的年会，到各个论坛发表一些高谈阔论就好了。但是他没有，反过来他觉得学术界的节奏太慢，一个成果很久都发表不出来，所以他决定改行，而方向就是那个曾经让他小赚一笔的期货界。1977 年他从石溪分校辞职，开始全职做投资人，卖掉聚乙烯木板厂的收入成为他最早的本金。

西蒙斯在纽约成立了一家叫做"Monemetrics"的投资公司，翻译成中文就是金融计量学，这么 geek（英语方言，意为"土包子"）的名字也是没谁了。而第一个员工是他以前在军方机构的同事伦尼·鲍姆（Lenny Baum），因为西蒙斯相信他的数学才华会是投资界的一把利器。

鲍姆最高的成就是一个叫做鲍姆-韦尔奇算法的东西，通过隐马尔可夫过程找规律破译密码。现在随便找一个学金融的本科生，只要他们接触过随机过程，都肯定入过"马尔可夫"的"坑"，但在那时，"马尔可夫"还只是数学家们的专利。

作为一名科学家，西蒙斯觉得，如果还是像当初那样纯粹靠运气和直觉来投资，那么成功的概率不会太高，所以他决定运用科学在金融市场中找到赚钱的方法。1977 年，西蒙斯创立了自己的私人投资基金，最初采用一种叫做"基本面分析"的方法来做交易，即通过分析国家的货币政策和利率来判断金融市场的走势，但很多人都在利用这种方法，西蒙斯并没有脱颖而出。

1978 年，西蒙斯在挨着石溪分校的商业区成立了一家公司，就是对冲基金公司文艺复兴科技（Renaissance Technologies）的前身。西蒙斯这次试水一发不可收拾，缔造了日后名震业界的对冲基金。

随着经验的不断增加，西蒙斯渐渐将数学分析引入投资领域，他建立了大量可以用于股票投资实战的数学模型，这些模型主要通过对历史数据的统计，找出金融产品价格与经济形势、市场、技术等各种指标之间存在的数学关系，从而发现市场中存在的微小获利机会。西蒙斯做任何交易，均用计算机运算来推理和指导，尽量排除人为因素的干扰。

一些外人可能不觉得意外，毕竟数学和计算机科学相互影响，西蒙斯出此非主流招数也算学以致用。事实上，编程恰恰是数学天才西蒙斯的软肋，但这倒没妨碍步入金融界的西蒙斯对计算机程序青睐有加。

起初，华尔街的"老江湖"们对西蒙斯这种管理基金的方法嗤之以鼻。但业绩很快替西蒙斯做出最有力的还击。

西蒙斯也承认，好奇心驱使他探察各式各样不同寻常的可能性，比如太阳黑子和月相有没有影响金融市场；他的一个孩子出生时，有位护士告诉他，妇产科每逢满月就人满为患。西蒙斯怎么会放过这些可能，但他的结论很干脆："我也测试过，哪有那回事。"

按照自己的想法和理念，1982 年，西蒙斯创立了文艺复兴科技公司。为了确保决策的合理性，西蒙斯几乎不雇用华尔街人士或商学院毕业生，反而会不惜花费天价去招募数学、物理学、统计学领域的顶尖科学家。在工作中，西蒙斯表现得也更像是一位导师而不是老板，他和员工讨论最多的内容不是金钱，而是数学模型和计算机编程，每隔一段时间，他都要为员工举办一些科学讲坛。在西蒙斯的领导下，文艺复兴科技公司虽然是一个金融企业，但看上去却更像是一家科学研究所。

文艺复兴科技有什么投资秘诀？公司的前合伙人尼克·帕特森（Nick Patterson）说："西蒙斯是很出色的人事经理。不是那种传统的数学家。"西蒙斯则是把成绩归功于员工。他说："有好的氛围，聪明人就会硕果累累。"

1988 年，文艺复兴科技公司推出了自己旗下的第一个基金产品——大奖章基金，这一基金非常的"坚挺"，以致被人们称为"印钞机"。纵观大奖章基金的历史业绩，你会发现，从创立至今，它只在 1989 年亏损过一次，其他年份均获得很高的收益。更为难得的是，这个基金产品能够在每一次金融危机中大显身手，不但能够全身而退，而且能取得比平时更高的收益率。由于大奖章基金稳如印钞机，遭到疯抢，如今这个基金产品不再向外部投资者开放，只允许文艺复兴科技公司的内部员工购买。

大奖章基金之所以有如此辉煌的业绩，大部分原因要归功于西蒙斯。1989 年，大奖章基金遇到了严重的亏损，西蒙斯果断开始修正公司的投资理念和数学模型。为此，西蒙斯停止了与康奈尔大学顶尖数学家的合作，后者一直在按照当时流行的"买入并长期持有"的投资理念来建立模型。而西蒙斯觉得，市场是不稳定的，投资者应该做到迅速应对市场的变化，有好的机会就应该迅速做大量交易，短期套利，这就像壁虎一样，平时趴在墙上一动不动，蚊子一旦出现就迅速将其吃掉,然后恢复平静,等待下一个机会。于是,西蒙斯转而与普林斯顿大学的数学家合作,将旧模型中反映宏观经济的数据剔除,重点分析近期短期的数据,花了半年的时间创立出"壁虎式投资法"的数学模型。

此后,文艺复兴科技公司一直沿用"壁虎式投资法",使大奖章基金成了金融界的"不败神话",而作为公司股东和董事会主席的西蒙斯,身价自然一年一年地飙升,成为美国最有钱的富豪之一。如今,西蒙斯已经 84 岁,他打算将毕生大部分财产捐给慈善事业以及科研院校,这位最会赚钱的数学家,或许又会成为一名伟大的慈善家。

骄人的业绩说明一切,利用高等数学知识指导投资的量化分析师——"宽客"由此扬名天下。数学家西蒙斯为华尔街拉开了大数据时代的帷幕。

文艺复兴科技公司有如下特点:

- 交易策略以短线操作为主。
- 使用"每笔交易数据库"(记录每一笔交易的价格变化,而不是每分钟的价格变化);很可能使用限价指令表之类别人较少使用的数据进行分析。
- 模型用的不是很高深的数学,但是用很复杂的统计学工具。
- 使用语音识别的分析方法来分析数据,很可能是统计信息论(伯莱坎普是专家)、最大熵(德拉皮耶特拉兄弟是专家)及隐马尔可夫模型(帕特森是专家)。
- 使用不止一个交易模型获取信号;交易模型不断变化。
- 在交易不同的金融工具和不同的基金中可能使用不同的交易模型(大奖章基金使用短线交易模型,机构投资人股票基金使用中线交易模型)。
- 不聘请华尔街的专家,雇用研究人员看重其科学和计算机背景。

- 计算机和其他交易技术的运用对公司的成功非常关键，公司名字里的"科技"二字就是线索。
- 对交易工具的流动性问题的考虑占很重要的位置。
- 不断探索新的投资方式和工具。

热心回馈社会

西蒙斯的慈善事业始于 1994 年，那年他和第二任妻子玛丽莲（Marilyn）成立了西蒙斯基金会，这是一个主要资助医疗和教育以及科学研究的福利基金。玛丽莲作为基金会的主席，西蒙斯担任基金会的秘书和投资人。此后又陆续开展其他慈善活动。西蒙斯把大量金钱花费在慈善事业上，他也是数学研究的主要赞助人，在全球范围内赞助会议、项目等。

西蒙斯和妻子玛丽莲

在美国教育工作者得不到重视，这是一个可悲的事实。但是，对冲基金亿万富翁经理和数学家西蒙斯通过他的慈善基金会"Math for America"每年向纽约地区的 800 名教师支付 15 000 美元。

西蒙斯曾谈到与妻子共同创立的慈善基金会的工作。他将该计划描述为一种打击教师中不良士气的方法,这种士气是由于教育系统而传播的,该系统强调惩罚坏教师,而不是激励好教师。"是的,我们不是'殴打'坏老师——这已经在教育界,特别是数学和科学方面造成了士气问题——而是专注于庆祝好老师并给予他们地位。"

慈善基金会绝对是一个值得的计划,特别是当考虑到2015年普通美国老师的收入为56 383美元时,这一收入实际上比他们13年前的收入少了1%以上。

对于一个亿万富翁来说,这是一件很棒的事情,在开始了价值220亿美元的对冲基金之后,积累了估计为140亿美元的个人财富,西蒙斯承诺继续增加该计划的范围。

西蒙斯仍然参与他的对冲基金的业务,但6年前,他离开了在那里的官方职位,以便全职专注于美国的数学。

西蒙斯解释为什么创建支持基础科学研究及跨学科研究基金会:

之后我们创建了一个基金会,是我的妻子和我在1994年创立的,刚开始只是把她的化妆间作为办公室。办公室有一个小盒子,还有很大的文件夹。她的化妆间不大,那是总部,之后逐渐地向外扩展。她先雇了一些人,然后又招了更多的人。因此我们有了一个基金会,而且在很快地扩大,不仅仅是从我们给出的钱的数量上来讲,也从机构运作的成熟程度上来讲。这非常好,我的第一份职业是一个数学家,我的第二份职业是成为一个商人,我的第三个职业从某种意义上讲是做一个慈善家。

那我们的基金会都做些什么呢? 我想我们的基金会是少数几个几乎完全对基础科学做投资的基金会之一。我们支持基础数学、基础物理，还有很多生物方面的研究，但是最普遍的是一些跨学科的研究。我们有一个研究自闭症的项目，非常有意思，它尝试着用计算机从基因方面来分析这种情况，以发现不正常的大脑是怎样工作的。所以我们主要集中于基础科学研究方面，玛丽莲和我都认为这么做很好。我们同样也做其他的事情，但是其他的事是小规模的。

我在2009年从基金会退休，但是我从来没有像现在这么忙。人们常说你都退休了，怎么可能会很忙，但是实际上我真的非常非常忙。为了提高数学教学水平，我们在几年之前创建了"Math for America"。每个人都很关心美国孩子的数学教育问题。我们有我们自己的观点。我们通常狭义的观点是，我们的老师懂数学。你会说当然了。但是很让人吃惊的是，尤其是当你上了中学时，你会发现大部分的数学老师数学懂得却不多。这不是一个很有效的环境，至少在激发学生学习数学、科学或者任何其他东西的兴趣时表现更加明显……为什么我们没有足够的教师来教这些孩子们课程呢？为什么我们没有足够的真正懂数学和其他科学的老师来教他们呢？其中一种回答就是如果他们真的懂这门学科，那他们可以带着同样多的知识去谷歌、高盛集团或者其他地方工作。

因为现在的世界变得更加数量化，经济也比三四十年之前更多地建立在数量化的方法上。即使他们适合做老师，但因为存在着薪资水平以及名誉地位的不同，他们也会被其他地方挖走，你很少看见这些人留在课堂上授课。所以我们必须使这个职位变得更加吸引人，也就是说给他们发更高的工资，这也正是我们在纽约和几个其他城市通过我们的项目正在做的，给老师们更多的尊重，并提供更多的支持。只要我们给他或者她多支付25%的薪酬，让他们感觉到不一样。一下子,这个职业就变得更加好。如果我们让这个职业变得更加吸引人了,那就会有人追求这个职业。如果我们什么都不做,那情况将会变得很糟糕。所以这是我们每个人都应该考虑的问题。

花甲之年经历两次丧子之痛

1996 年,西蒙斯和前妻芭芭拉生的孩子保罗在骑摩托车的时候死于车祸,年仅 34 岁。2003 年,西蒙斯的另一个儿子尼克 23 岁时在周游世界的旅途中溺水死亡。

花甲之年两次白发人送黑发人,西蒙斯不可能轻易将沉痛的心情抛在脑后。不过,他没有一蹶不振,而是选择以自己的方式摆脱痛苦。

西蒙斯说,两个儿子离世后,他开始潜心琢磨那些流传已久悬而未决的数学谜题。他这样比喻难解的数学奥秘:

"那是避风港,是我心中一个安静的角落。"

为了纪念大儿子保罗,他在石溪分校修建了一个占地 0.53 平方千米的公园。尼克生前曾在尼泊尔首都加德满都工作,西蒙斯后来多次去那里,为纪念爱子创建了一家研究机构,这成为尼泊尔最大的医疗事务捐助机构。

所谓"祸兮福之所倚",也许冥冥中自有天意。逗留加德满都的一天上午,西蒙斯在旅馆的走廊漫步,护栏的结构让他突生灵感,构想产生了质的飞跃,让他念念不忘。

不久,他和石溪分校的另一位数学家丹尼斯·苏利文(Dennis Sullivan)讨论了这个启示,两人一拍即合,从此联手合作。2007年,两位学者共同研究的结晶——题为《微分形式普通上同调的公

做研究的西蒙斯

理特征》的论文发表。

苏利文评价，西蒙斯从事学术研究几十年，做出了一系列重大贡献，这位学术先驱"颠覆了后世数代人的观念"。

在妻子的通力合作下，西蒙斯为那些外人看来深奥难解的项目投入逾10亿美元。从56岁开始，他创办了一系列慈善基金，扶持一些连政府都不愿、也无力支持的科研活动，还义务举办宣传科学的讲座，资助公立学校的数学教师。

2004年7月7日，他和妻子共同向冷泉港实验室捐款5 000万美元，用于建立西蒙斯定量生物学中心（Simons Center for Quantitative Biology）。

2006年，布鲁克黑文国家实验室曾因为经费短缺打算关闭重离子对撞实验机的项目，但是西蒙斯带领公司的高管向该项目进行了资助，弥补了经费问题。

还是在2006年，西蒙斯向纽约州立大学石溪分校捐赠了2 500万美元，这笔经费主要用于大学的数学和物理研究。

2008年2月27日，当时的纽约州州长艾略特·斯皮策（Eliot Spitzer）宣布纽约将接受西蒙斯基金会6 000万美元的捐赠，用于在石溪分校建立西蒙斯几何和物理研究中心。这是纽约历史上私人向公立大学进行的最大金额的捐赠。

同时,西蒙斯也零零散散地投身一些公众活动,比如每年夏季纽约举办的"世界科学节"。他在位于第五大道的那栋办公室大楼里还开设了以科学为主题的系列演讲。这些活动全都向公众开放。

清华百年校庆的时候,西蒙斯给清华捐了一栋楼,就叫"陈赛蒙斯楼"("赛蒙斯"现一般称为"西蒙斯")。他 72 岁时,在入选《福布斯财富榜全球百大富豪》的同年,签署书面承诺,要将自己毕生的大部分财产都捐给慈善事业。

清华大学陈赛蒙斯楼

2010 年西蒙斯宣布退休,转身回去研究拓扑学去了。

西蒙斯的著名投资理论

西蒙斯曾坦言,他研究的微分几何对商业投资没什么用,但是他的学科背景使他提出了著名的量化投资理论,他是这样描述的:

1)尽管我们的策略会对投资标的长期持有,但我们每天平均

世界上最聪明的亿万富翁西蒙斯

会进行超过 10 000 次的交易。事实上，我们投资组合中的每支股票平均每隔一天其仓位就会有增减的变化，我们使用的分散投资的方法是，尽可能多地配置各类型资产。平均来讲，我们会持有 2 500 到 3 000 种不同股票。

2) 文艺复兴科技公司拥有非常好的工作环境和一流的员工，包括数学、统计学、物理学、天文学和计算机科学的博士们。我不知道怎么雇做基本面交易的交易员，因为他们有时候赚钱，有时候亏钱，但我的确知道如何雇科学家，因为我对这个领域有些自己的感觉。

3) 如果你做基本面交易，那么某一天当你醒来时，你可能会发现自己是个天才，你的头寸（金融术语，指银行、钱庄等拥有的款项）总是朝利于你的方向发展，你觉得自己很聪明，你也会看见自己一夜之间赚很多钱。然而第二天，所有的头寸都朝着不利于你的方向走，你觉得自己像个傻瓜。

4) 既然我们会做模型，那就不妨跟着模型走。所以，在 1988 年的时候，我决定百分之百依靠模型交易。而且从那时起，我们一直都这么做。

5) 一些公司也运用模型，然而它们的宗旨是，他们有一个模型，用这个模型得出的结论给交易员提供参考意见，如果他们赞成这个结论那就照着执行，如果他们不赞成那就不执行。

6) 这不是科学，你不可能模拟出 13 年前当你看见市场行情数据时的那种感觉，回溯测试是一件很困难的事情。如果你要是真靠模型去交易，那就完全遵照模型说的去做，不管你认为那个模型有多聪明或者多傻，这后来被证实是一个很正确的决定。所以我们建立了一个百分之百依靠计算机模型做交易的公司，做的业务从外汇、金融工具，逐渐发展到股票以及其他一切可以交易的、流动性强的东西。

7）我们随时都在买入卖出，我们依靠活跃赚钱。我是"模型先生"，不想进行基本面分析，模型的优势之一是可以降低风险，而依靠个人判断选股，你可能一夜暴富，也可能在第二天又输得精光。

8）有些交易模式并非随机，而是有迹可循、具有预测效果的。那些很小的交易，哪怕是只有100股的交易，都会对这个庞大的市场产生影响，而每天都会有成千上万这样的交易发生。其实所有人都有一个"黑箱"，我们把它称为大脑。

9）交易就要像壁虎一样，平时趴在墙上一动不动，蚊子一旦出现就迅速将其吃掉，然后恢复平静，等待下一个机会。我们关注的是那些很小的机会，可能转瞬即逝。这些机会出现之后我们会做出预测，然后进行相应的交易。交易之后，我们又会对新的市场情况进行跟踪和评判，预测也会相应调整，投资组合也会跟着变化。

10）我不是世上最机敏的人，要是参加数学奥林匹克竞赛，我的表现也不会特别好。可我喜欢琢磨，在心里琢磨事，也就是反反复复地思考某些事。事实证明，那是种很棒的方法。

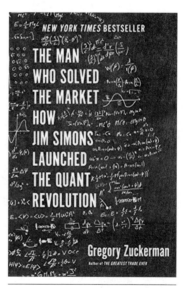

关于西蒙斯的传记《解决市场的人：西蒙斯如何开创了量化革命》(*The Man Who Solved the Market*)

参考文献

1. 李轻舟. 光从东方来：传递文明与科学的穆斯林. 赛先生，2015－12－12.

2. Ross E D. Omar Khayyam. Bulletin of the School of Oriental Studies University of London，1927，4(3)：433－439.

3. Smith D E. Euclid，Omar Khayyâm，and Saccheri. Scripta Mathematica，1935.

4. Katz V J. A history of mathematics：An introduction. New York：Haprer Collins，1996.

5. Bellos A. Brazil's other passion：Malba Tahan and The man who counted. BBC Magazine，2014－06－05.

6. 格瓦拉. 摩托日记. 王邵祥 译. 上海：上海译文出版社，2012.

7. 塔罕. 数学天方夜谭. 郑明萱 译. 海口：海南出版社，2018.

8. Casti J L. The One True Platonic Heaven：A Scientific Fiction of the Limits of Knowledge. Washington D C：Joseph Henry Press，2003.

9. Dawson Jr J W. Logical Dilemmas：The Life and Work of Kurt Gödel. Boca Raton：A K Peters/CRC Press，2005.

10. Dyson G. Turing's Cathedral：The Origins of the Digital Universe. New York：Pantheon Books，2012.

11. Hofstadter D. Gödel，Escher，Bach：An Eternal Golden Braid，New

York：Basic Books，1979.

12. Wang H. Reflections on Kurt Gödel. Cambridge：The MIT Press，1990.

13. Young R V(ed.). Notable Mathematicians：From Ancient Times to the Present，Detroit：Gale Group，1997.

14. Wang H. A Logical Journey：From Gödel to Philosophy. Cambridge：The MIT Press，1997.

15. 丁玖. 小人物解决四大数学问题：记传奇华人数学家李天岩. 知识分子，2019 - 08 - 09.

16. 丁玖. 李天岩：数学家中的钢铁巨人. 知识分子，2020 - 07 - 19.

17. 丁玖. 难忘的 35 年师生情缘：怀念华裔传奇数学家李天岩教授. 返朴，2020 - 07 - 10.

18. 苏萌. "看你怎么做！"——美籍华裔数学家李天岩教授的一番谈. 自然杂志，1989(6)：5.

19. 佩捷. 李天岩-约克定理——从一道波兰数学竞赛试题谈起. 哈尔滨：哈尔滨工业大学出版社，2014.

20. 李天岩. 回首来时路. 数学传播，2007,31(4)：38 - 42.

21. Rappaport K D. S. Kovalevsky：A Mathematical Lesson. The American Mathematical Monthly 1981, 88 (10)：564 - 573.

22. Koblitz A H. Sonya Kovalevskaya. In：Women of Mathematics：A Biobibliographic Sourcebook. Grinstein L S, Campbell P J, Editors, Greenwood Press, 1987：103 - 113.

23. Koblitz A H. A Convergence of Lives：Sofia Kovalevskaia：Scientist, Writer, Revolutionary. Boston：Birkhauser, 1983.

24. Roger C. The Mathematics of Sonya Kovalevskaya. New York：Springer-Verlag, 1984.

25. Kennedy D H. Little Sparrow, a Portrait of Sofia Kovalevsky. Athens：Ohio University Press，1983.

26. Keen L. The Legacy of Sonya Kovalevskaya：proceedings of a symposium sponsored by the Association for Women in Mathematics and the Mary

Ingraham Bunting Institute, held October 25 - 28, 1985. American Mathematical Society, 1987(64).

27. Adamson D. Blaise Pascal: mathematician, physicist and thinker about God. London: Palgrave Macmillan, 1995.

28. Arnold W. Pascal. In: Wussing H, Arnold W. Biographien bedeutender Mathematiker. Berlin: 1983.

29. Coleman F X J. Neither angel nor beast: the life and work of Blaise Pascal. New York and London: Routledge & Kengan Paul, 1986.

30. Mortimer E. Blaise Pascal: the life and work of a realist. London: Methuen, 1959.

31. Boyer C B. Pascal: The man and the mathematician. Scripta Math, 1963.

32. Chapman S. Blaise Pascal (1623—1662): Tercentenary of the calculating machine. Nature, 1942, 150: 508 - 509.

33. Edwards A W F. Pascal's problem: the 'gambler's ruin'. International Statistical Review/Revue Internationale de Statistique, 1983, 51 (1): 73 - 79.

34. Edwards A W F. Pascal and the problem of points. Internat Statist Rev, 1982, 50 (3): 259 - 266.

35. Frisinger H H. Mathematicians in the history of meteorology: the pressure-height problem from Pascal to Laplace. Historia Mathematica. 1974, 1(3): 263 - 286.

36. Ore O. Pascal and the invention of probability theory. The American Mathematical Monthly, 1960, 67 (5): 409 - 419.

37. Payen J. Les exemplaires conservés de la machine de Pascal. Rev Histoire Sci Appl, 1963, 16: 161 - 178.

38. Rényi A. Blaise Pascal, mathematician and thinker. Pokroky Mat Fyz Astronom, 1973, 18: 307 - 310.

39. Russo F. Pascal et l'analyse infinitésimale. Rev Histoire Sci Appl, 1962,

15：303－320.

40. Taton R，L'oeuvre de Pascal en géométrie projective. Rev Histoire Sci Appl，1962，15：197－252.

41. Taton R. Essay pour les coniques' de Pascal. Revue d'Histoire des Sciences，1955，8（1）：1－18.

42. Dantzig D V. Blaise Pascal and the significance of the mathematical way of thought for the study of human society. Euclides，Groningen，1950，25：203－232.

43. Van der Waerden B L. The correspondence between Pascal and Fermat on questions of probability theory. Istor-Mat Issled Vyp，1976，21：228－232，355.

44. MacHale D. George Boole：His life and work. Dubllin：Cork University Press，2014.

45. MacHale D，Cohen Y. New light on George Boole. Dubllin：Cork University Press，2018.

46. Kennedy G. The Booles and the Hintons，two dynasties that helped shape the modern world. Dubllin：Cork University Press，2016.

47. Calinger R（ed）. Pedagogist for Contempory Times，Vita Mathematica. Washington D C：Mathematical Association of America，1996.

48. Rhees R. George Boole as Student and Teacher. By Some of His Friends and Pupils. Proceedings of the Royal Irish Academy. Section A：Mathematical and Physical Sciences. Royal Irish Academy，1954，57.

49. Grimes W. Joan Hinton，Physicist Who Chose China Over Atom Bomb，Is Dead at 88. New York Times，2010－06－11.

50. 缪平均,刘文强,杨普秀. 跟随毛泽东转战陕北的两个美国人. 档案记忆，2017(12)：26－29.

51. 萨苏. 女物理学家寒春：拒绝到中科院讲学却受到敬佩. http：//www. 360doc. com/content/17/0416/14/30275625_646024673. shtml.